JN045895

右上：ブナ林▶近畿地方でまとまった広さのあるブナ林は大台ケ原と由良川源流の芦生原生林だけである。白い肌に緑の地衣類が着くブナ独特の木肌をもつ。
左上：ブナ林▶春の新緑・秋の紅葉は素晴らしい。
左中：木の根開け▶残雪はまだ深くても木の根元周辺の雪は溶け、穴が開く。こんなところにノウサギが隠れていたりする。
下：紅葉のブナ林▶春の新緑とともに秋のブナ林の装いは素晴らしい。枯れ枝にツキヨタケが群がって着く。ツキノワグマの住処でもある。

上：芦生研究林事務所▶昭和5年（1930）建築とされる。
中：野田畑谷のトチノキ林▶下谷のトチノキ平が有名。トチノキ（栃）はトチ餅づくり、栃蜜採取のため伐らずに残される。
下：森林軌道▶完成は昭和2年（1927）とされる。完成後は本流沿いの木材を搬出した。現在はトロッコの運行は中止されているが、赤崎付近までトロッコ道を歩くことができる。通産省近代化産業遺産として指定されている。赤崎から先は危険なため通行禁止である。

上：芦生の松上げ▶芦生の集落を一つにする行事、京都府の無形民俗文化財にも指定されているが、過疎化・少子高齢化の中、その維持には課題があるようだ。
中：在りし日の長治谷小屋▶林学科の学生実習ではここに泊った。冬にはこの小屋の雪下ろしに行った。怪談もある大きな小屋、一人で泊まるのは怖かった。
右下：檻に入ったクマ▶研究のため檻で捕獲したクマ。檻の太い鉄棒が折り曲げられている。
左下：クマハギ（熊剥ぎ）▶クマはスギやヒノキの樹幹下部の樹皮を剥ぎ、齧る。植栽したスギ・ヒノキを剥皮するととても許してもらえない。

右上：モモンガ▶山の家の前の芦生熊野権現神社のスギに営巣している（写真　斎藤侊三）。
左上：現在の長治谷▶林道の終点、由良川源流遡行・三国峠へはここから歩く。
中：由良川の流れ（灰野）▶芦生から灰野までカジカの鳴き声を聞きながら歩く。
下：下谷の大カツラ▶京都府第3位の巨木とされる。秋には落葉がよく香る。

芦生原生林今昔物語

京都大学芦生演習林から研究林へ

渡辺弘之
WATANABE Hiroyuki

あっぷる出版社

目次

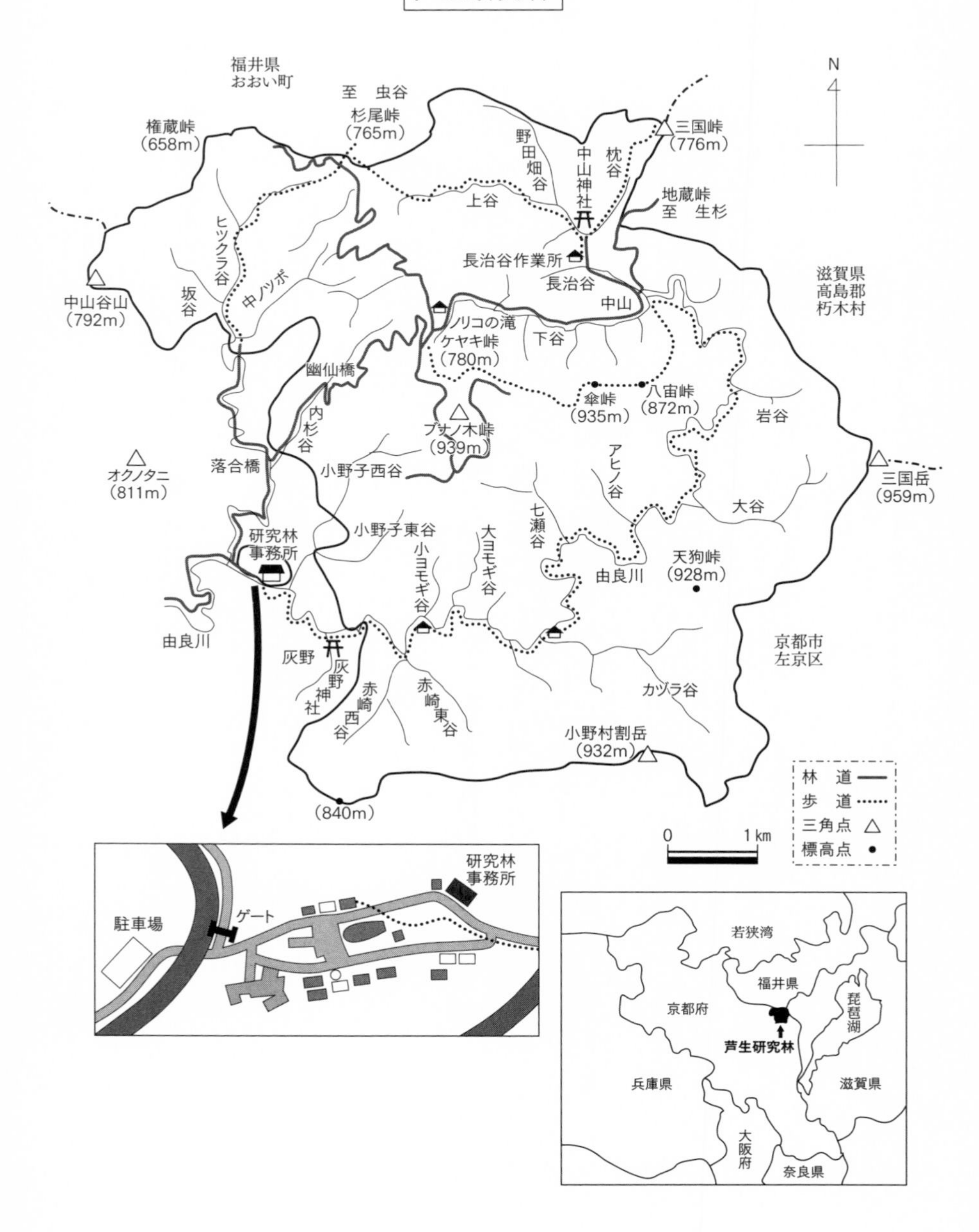
芦生研究林
福井県
おおい町
至　虫谷
杉尾峠
(765m)
権蔵峠
(658m)
三国峠
(776m)
N
野田畑谷
中山神社
枕谷
上谷
地蔵峠
至　生杉
ヒックラ谷
中ノツボ
長治谷作業所
長治谷
中山谷山
(792m)
坂谷
中山
滋賀県
高島郡
朽木村
ノリコの滝
ケヤキ峠
(780m)
下谷
幽仙橋
八宙峠
(872m)
傘峠
(935m)
内杉谷
ブナノ木峠
(939m)
岩谷
オクノタニ
(811m)
落合橋
小野子西谷
アシウ谷
三国岳
(959m)
大谷
七瀬谷
研究林
事務所
小野子東谷
大ヨモギ谷
小ヨモギ谷
天狗峠
(928m)
由良川
由良川
灰野
灰野神社
赤崎西谷
赤崎東谷
京都市
左京区
カヅラ谷
小野村割岳
(932m)
(840m)
林　道
歩　道
三角点
標高点
0
1 km
研究林
事務所
駐車場
ゲート
若狭湾
福井県
琵琶湖
京都府
芦生研究林
兵庫県
滋賀県
大阪府
奈良県

Ⅰ 秘境芦生（あしう）

1 由良川源流

京都府の日本海側、宮津と舞鶴の間に注ぐ由良川の最源流にある芦生原生林の自然を紹介し、その保護を訴えた私の初めての著書『京都の秘境　芦生　原生林への招待』（ナカニシヤ書店、１９７０）の出版は、私が京都大学農学部助手として芦生演習林（現在は研究林）（現・京都府南丹市美山町芦生）に赴任・常駐していたときのことである。

当時、京都駅から国鉄バスに乗り、京北町周山を経て美山町安掛で京都交通のバスに乗り換え、終点・田歌（とうた）から、由良川の渓流に沿って歩き、佐々里の集落への分岐・出会橋から数軒の口芦生の集落を過ぎ、峠からひときわ大きな分校の建物と道路の山側に一列に並んだ芦生の里を見た時は、やっとたどり着いた、本当に山奥だと思ったものだ。田歌からの距離は約８㎞ほどだっただろう。

「秘境」とはどういうところをいうのであろうか。『広辞苑』で「秘境」を引いてみても「人跡のまれな土地」とあるだけだ。しかし、そこに住んでいる村人にとっては、不便を感じたとしても「住めば都」。自ら「秘境だ」とはいわなかっただろう。どこが秘境かと認めるのは個人個人で大きくちがう。

芦生とは芦（蘆）（ヨシ・アシ）が生えているところのこと。あちこちに芦生の地名があってもいいと思うのだが、どうも少ないらしい。美山町知井の地名は鎌倉時代末期の弓削庄の関連古文書にでてくるそうだし、芦生の名も中世には確認され、高貴な尼さんが住んでいたともされる。どんな生活をしていたのだろうか、ちょっと想像できない。

芦生を秘境として初めて紹介したのは私ではない。毎日新聞社『日本の秘境』（秋元書房、１９６１）である。1961年は私が大学院生として初めて芦生へ入った年だ。この後、日本交通公社『全国秘境ガイド』（日本交通公社、1967）でも取り上げられたので、客観的にも秘境と認められるところなのであろう。最近でも鹿取茂雄『命がけで行ってきた知られざる日本の秘境』（彩図社、2016）などで、芦生を秘境として紹介しているが、毎日新聞社の『日本の秘境』を基にしてのことだと思われる。

日本の秘境芦生から、京都の秘境芦生への格下げの扱いではあったが、書名に「秘境」を使ったのは本

ブナ林

書の出版社ナカニシヤ書店（現ナカニシヤ出版）社長の中西康夫さんであった。日本山岳会『新日本山岳誌』（1992）などの山岳書でも知られている出版社だが、山岳書出版のスタートが私の『京都の秘境芦生　原生林への招待』である。このことは中西康夫『山の本をつくる』（ナカニシヤ出版、2013）の中でも明記されている。

昭和41（1966）年当時、大学紛争が激しい中で、京都大学教養部の山下孝介教授が全学の学生の中から希望者を募り、芦生へ一泊二日で連れて来られた。昭和46（1969）年、東京大学の入試が中止になった年には、学生に自己紹介させるとほとんどが東京周辺の高校出身者で、東大受験希望者であった。東大入試がなくなったので京大に流れてきたということだ。初志貫徹を貫いて翌年に再受験し、東大へ行った学生も多かったと聞いた。

当時はまだ長治谷までの林道は開設されていなかったし、森林軌道の保線はしっかりできていたので、学生たちを小ヨモギ作業所まで歩いて案内した。作業所の苗畑の中に東屋が建てられており、ここで芦生の自然を紹介していたのだが、山下教授から、それらの話を原稿に書いてくれ、ナカニシヤ書店が出版してくれるよと励ましてくれた。出版に際しては指導教授であった四手井綱英教授が序を書いてくれた。

しかし、この本の出版は後々、大学内で問題となる。原生林という言葉を使ったこと、芦生にダム建設計画がもちあがっていると書いたことである。

2　源流の山と渓谷

「芦生（あしう）」がどこにあるのかご存じない方のために、どこにあるのかをまず説明しておこう。芦生は、南丹市美山町（旧知井村）にあり、美山町は京都市北部に隣接している。旧知井村の大字芦生は口芦生、須後、井栗の３つの集落からなる。といっても、井栗はぽつんと一軒家である。須後は内杉谷（ないすぎだに）までが小字権現前、内杉谷橋を渡った京都大学研究林（当時演習林）構内が小字斧蛇（おのじゃ）である。研究林の資料館が「斧蛇館」とされているのも、この小字名から名づけられている。

芦生原生林は由良川の源流にある。北は杉尾峠（７４４ｍ）から三国峠（７７６ｍ）までの尾根が福井県（おおい町）と京都府の境界、東は三国峠から三国岳（９５９ｍ）、天狗峠（９２１ｍ）の尾根が滋賀県高島市朽木と京都府の境界、南には佐々里峠（８３３ｍ）から小野村割岳（９３２ｍ）の尾根が走り京都市左京区の境界になる。その中を杉尾峠からケヤキ峠、ブナノキ峠（９３９ｍ）、傘峠（９３７ｍ）、八宙山（８７４ｍ）の尾根が西から東に走る。由良川源流がこの中を「コ」の字に流れ西南の隅から流れでる。

名の通り三国峠は近江・若狭・丹波の境界、三国岳は近江・丹波・山城の境界である。京都府下には標高１，０００ｍを越す山はなく、三国岳は府下第3位である。地形は大きくは丹波高原（山地）の一部として準平原状、標高はどこもほぼ同じであるが、谷は急峻でいたるところに絶壁・滝がある。

この付近では三国峠、ブナノキ峠（府下6位）など峠と名付けられているところがあるが、山頂を指している。谷筋がきついので、一度登ってしまえば楽に歩ける尾根道が使われたためであろう。といっても、源流の上谷から福井県おおい町名田庄虫谷への杉尾峠、野田畑谷から永谷への野田畑峠、枕谷から高島市朽木生杉への地蔵峠などはいわゆる鞍部である。また、谷もタニとはいわずタンと発音することがあり、杉尾峠から虫谷はムシダン、田歌から若狭久坂への五波谷はゴナミタンといったりしている

戦前、由良川源流は森本次男『京都北山と丹波高原』（朋文社、１９３８）、住友山岳会『近畿の山と谷』（朋文社、１９４１）などで、まだ知られていない地域として注目を集めるようになっていたが、戦争がは

トチノキ林

じまり登山どころではなくなった。今西錦司さんも三高の学生時代ここに入っている。このとき、ここが京大演習林になることを知っていたようだ。戦後、交通網の発達、登山ブームの中で、丹波高原・由良川源流が脚光を浴びることになった。

森本次男『京都北山と丹波高原』（山と渓谷社、1965）、金久昌業『京都　北山』（昭文社、1970）、金久昌業『京都北部の山々』（創元社、1973）などの書籍で研究林内の各ルートを紹介し、所要時間などを明らかにしていた。この時代、何度も金久さんに会い、刊行されたばかりの『京都　北山』をいただいた。

林内の渓谷美はすばらしく、上流の上谷までカジカが鳴いている。由良川源流の渓谷については今西錦司・井上靖（監修）『日本の湖沼と渓谷 10 近畿』（ぎょうせい、1981）で私が紹介した。

京都府が府立青少年山の家を芦生に開設したのも、ここの自然の豊かさを理解してのことである。山の家は芦生のほか、弥栄（京丹後市弥栄町）、加茂（木津川市加茂町）、和知（京丹波町和知）、あやべ（綾部市）、三岳（福知山市）、るり渓（南丹市園部）などにも設置されたが、現在は閉館しているところもあり、管理は府や市町村でなく、第三セクターに任せられているようだ。

最初の府立山の家として開設した芦生山の家の開所は昭和44（1969）年7月。当時の蜷川虎三府知事が主催し、開所式には芦生分校の生徒や村人が参加した。私の長男が2歳か3歳、ちょこちょこと知事に近寄り何か話しかけられていた。当時の収容人員は60名とされ、文字通り山の家で隣部屋との仕切は襖であった。満室でも相部屋での宿泊となり断られることはなかったようだ。ここの開所によって訪問者・登山者が急に増えた。開所当時は素泊まりを基本とし、夏は1泊250円、冬は300円、食事は一食150円であった。

山の家は平成13（2001）年に改築され、現在は快適な施設になっている。しかし、消防法で宿泊人数が決められているので、満室だと宿泊できないことがあるようだ。

3　原生林

近畿地方にあるまとまった広さをもつブナ（ブナノキ）原生林としては芦生と大台ヶ原があり、どちらも学術的に高く評価されているが、同じブナ林でも芦生は日本海型のブナ、三重・奈良県境の大台ケ原は太平洋型のブナである。芦生のブナは葉が大きい。比較してみれば大きさのちがいがわかる。

芦生原生林を紹介したものには、池内紀『日本の森を歩く』（山と渓谷社、2001）、福嶋司『いつまでも残しておきたい日本の森』（リヨン社、2005）、日本の森制作委員会（編）『日本の森ガイド50選』（山

ブナの葉（右：芦生　左：大台ケ原）

と渓谷社、２００２）、全国演習林協議会（編）『森へゆこう　大学の森のいざない』（丸善、１９９６）、草川敬三『芦生の森を歩く』（青山舎、２０００）と『芦生の森に会いにゆく』（青山舎、２００８）、石橋睦実『日本の森あんない　西日本編』（淡交社、１９９５）、ＤＶＤでは谷口正一『芦生原生林』（２００４）などがある。

また、北本廣次『樹木彩時季』（Bee Books、１９９８）、桂俊夫『京・北山賛歌』（求龍社、１９９８）、広瀬慎也『写真集　芦生の森』（遊人工房、１９９９）、『芦生の森２』（遊人工房、２００２）、広瀬慎也『由良川源流の森　芦生風刻』（遊人工房、２００２）、山本卓蔵『芦生の森』（東方出版、２００２）など、次々とすばらしい写真集が刊行されている。

旧京都府北桑田郡は京北町と美山町で構成されていた。その後、京北町は京都市北区と合併し、美山町は南丹市と合併したので、北桑田郡は消滅したが、北桑（北桑田郡の略称）10景の一つとして、唐戸の渓谷などとともに「芦生原始林」が選ばれていた。

芦生は結構雪深いところで、研究林事務所のある芦生・須後の標高は３５５ｍ、年平均気温１１・７℃、年平均降水量２,３５３㎜、最低気温マイナス19・5℃、最深積雪量は１９８０年に１９０㎝が記録されている。

ところで冒頭に述べたように、『京都の秘境芦生　原生林への招待』を出版したとき、芦生の森を「原生林」としたことに批判を受けた。ダム建設問題が浮上したときでもあった。原生林は学術的に貴重、そのために保存する価値があるという私の主張に対し、芦生はもともと共有林で、由良川本流沿いに山番を住まわせていたほどだし、最奥の長治谷からさらに奥でも枕谷を遡行し、生杉へ木材を搬出していた事実があるといったことから、厳密な意味で原生林でないという指摘を受けた。原生林ではないのだから、ダム反対の理由としてそれを強く主張できないといわれたのである。それも、演習林内部からであった。

実際、大正時代、全国での鉄道枕材としてのクリ材の需要が増大し、芦生奥山からも搬出されたことは確かである。『知井村史』（1998）によると知井九ヶ村立山38か所に山番を置いたとされ、大川筋とされる由良川のオノコ～七瀬に北、南、江和などから山番を派遣していたという。上流でもほぼ現在の中山にうつしの宮があったとされ、この付近の用材の伐採は江州（滋賀県朽木村生杉）の人に任されていたとされる。

特徴あるブナ（ブナノキ）の樹皮

野田畑には木地師の居住跡があるし、研究林内のヒックラ（櫃倉）谷、赤崎、大ヨモギ、七瀬、大谷、中山などにも居住し、木履（ぼくり）・飯へらなどを製造し、若狭小浜で削り改め、塗りなおして出荷していたとされる。確かに人跡未踏の地ではなかった

芦生原始林の標柱

が、原生林といって問題ないところだった。

原始林は「まったく人手の入っていない森林」、原生林は「長い期間人手が入っていない森林」と定義されているが、「長い期間」をどのくらいとするかの解釈が問題となる。天然記念物として指定されはじめた当時は原始林という言葉が使われた。奈良・春日山原始林、和歌山・那智原始林、屋久島スギ原始林などである。その後は原生林という言葉が使われている。しかし、実際に有史以来人がまったく入っていないところは、山岳地の崖や離島などきわめてわずかなものであろう。最近は天然林とか自然林という言葉の方が多く使われるようになっている。法律でも自然環境保全法などで自然林を使っている。ともあれ、天然林でも自然林でも極相林状態の森林ということである。芦生にも北桑10景の一つとして、古くから「芦生原始林」の標柱が立てられていた。

4 演習林の設置

芦生が由良川最上流の集落であること、そこにブナ林が残されていることはわかっていただけたと思うが、私がなぜ芦生のことを書くのか。私自身はここで生まれたわけではない。京都大学芦生演習林（現在は研究林と改称）に京都大学助手として6年間赴任・常駐していたからである。

芦生に京都大学演習林が設置されたことで、ブナ林の学術的価値が明らかにされたのだが、演習林設定契約では実習・研究のため99年間で伐採、植栽して返還することになっていた。もしこの契約通りに進んでいれば、ブナ林は消滅していたということになる。戦争、林業不況、自然保護思想の高まりで運よく残ったといえる。

京大演習林が設置された芦生奥山は旧知井村の九つの大字（南、北、中、河内谷、江和、田歌、白石、佐々里、芦生）の持山として宝永6（1709）年には認められていたとされる。しかし、きわめて不便な僻地であった。佐々里と芦生の分岐点である由良川の出合から芦生への車道の開通もやっと大正15年（1926）のことである。

文部省令で農学部農学科には実習地として農場、畜産学科には牧場、林学科には演習林の設置が義務付けられていた。京都大学農学部林学科設置に先立って大正8年（1919）に開設準備室がおかれ、京都府・滋賀県を中心に演習林候補地の検討が行われ、最終的に芦生奥山が大学からの距離、規模、道路整備の可能性、森林の状態などから、ここが適当と決定したようである。林学科はまだ設置前だから、東京大学農学部の河合教授という方が実地調査をしたとされる。当時、北桑田郡には郡長がいたようで、郡長の

谷底にある研究林事務所

陣頭指揮で京大演習林の誘致に動いたという。

大正10（1921）年4月4日、京都大学は旧知井村九ヶ字（くかあざ）の共有林の一部約4，200haを、新設される農学部林学科の森林・林業の研究・実地演習のための演習林として99年間の地上権設定により租借した。実際の農学部林学科の設置はその2年後、大正12年（1923）である。演習林として主に林学科の研究教育、とくに実習のためという目的であった。現在の事務所は昭和5年の建築だとされる。

京都大学の創立は明治30（1897）年6月のことだが、農学部設置前の1909年に台湾、1912年に朝鮮、1915年に樺太演習林が与えられている。その面積は12万haにも及ぶものであった。ここからの収入で創設後間もない京都大学の運営をしろということであった。戦前、田舎の小学校では多くが学校林をもっていた。そこからの収入を学校運営に使おうとしていたのと同じような目的であった。

余談だが、私の恩師四手井綱英教授は学生時代、実習で1935年、樺太演習林へ行き、ロシアとの国境の標識を見ている。ヌカカ（ヌカガ）の多いところで、これの集団に追いかけられたといっていた。咬まれると痒い、やっかいな小さな虫である。走って逃げても、追いつかれたとき急に止まると、身体の面積から外れたヌカカは急に止まれず追い越して行き、そこには自分の姿だけが抜けた。「これ、ほんまの話やで」といつも強調していた。自分の姿だけが抜けたヌカカの大群、見てみたいものだ。

芦生演習林設置時の契約は、開始当初の収入を上げるまでの5年間は年5万円、その後は収益を折半するというものであった。森林伐採で収入をあげるという契約である。当時の知井村では年何万円かの収入が転がり込み、税金集めの役場の仕事がなくなるとまで期待されたという。伐採後、造林事業は40年以内で完了するとされた。東大・北大に遅れての林学科設置であったが、土地の買収でなく、借地・地上権設定での分収契約であったことが後々まで問題を引き起こすことになる。逆に、戦争もなく契約通りに伐採が進んでいれば、芦生原生林はすでに影も形もなくなっているということでもある。

現在でも北大・東大はその多くが北海道にあるとはいえ、北大が7万ha、東大が3万haもの森林、それも国有地をもっている。一方、京都大学は芦生研究林、和歌山研究林とも民有林の借地、北海道の標茶・白糠は国有地であるが、ここは戦後に軍馬放牧地を払い下げてもらったところである。

2003年、芦生演習林は組織改組により京都大学フィールド科学教育研究センター森林ステーション芦生研究林となった。演習林は林学の教育のため、森林官養成が目的であったのだから、植栽から伐木・集材までの実習は必須であった。しかし、改組されたフィールド科学教育研究センターでは芦生森林ステーションとなり、その目的は広くフィールド科学に関する研究・教育であり、森林を対象にするといっても内容は大きく異なる。本文中で私のツキノワグマ研究の話を書いたが、私の研究はあくまで林学、演習林としての研究である。当時、クマ捕獲は害獣駆除として続けられていたのである。フィールド科学教育研究センターの森林研究であればクマを害獣としなくてもいい、殺さなくてもいいはずである。

私としては「演習林」になじみがあるので、本書では在任中のことは演習林、現在のことは「研究林」とさせてもらった。

5 森林軌道・トロッコ道

秘境といわれて来てみると、由良川を渡る通称トロッコ道と呼ばれる森林軌道のレールがあるのにも驚かれるだろう。この森林軌道の完成は昭和2（1927）年とされ、須後から由良川沿いに一軒家の井栗、廃村になった灰野を通り、七瀬まで続いていた。河岸に何カ所も絶壁があり、難工事であったようだ。実際にレールが敷かれたのは昭和11（1936）年に大ヨモギまでであったとされる。もちろん、この軌道は観光用ではない。当時、各地の営林署にあった森林軌道と同様、伐採した木材を搬出するためのものである。ということは、この本流沿い、七瀬までは伐採がされているということである。択伐天然更新法での施業、すなわち、大径木だけを抜き切りしていた。残された樹木は次第に大きくなり、天然林の様相を保っているが、大径木がないことに気づく。現在の長治谷への林道も同様に木材搬出のために作られたものである。林道の両側は伐採跡地である。

赤崎東谷の上流、小野村割岳近くの尾根にアシウスギの巨木林がある。佐々里峠からのアプローチになるが、この巨木を目的にする登山者が多い。根元まで近寄れるので、その大きさが実感できる。実際にみてみるとこんな大木林があったのかと思われるかもしれないが、枝が伐られた痕が残っている。利用でき

由良川を渡るトロッコ

る大きな枝だけ伐ったのである。大きな根元を切っても運び出すのは困難だったし、トロッコにも載せられない。大木のスギは芯が腐っている。利用価値はなかったのである。

私が赴任した昭和41（1966）年当時、苗畑のあった小ヨモギまでトロッコでよく行っていた。行きは気動車がたくさんのトロッコを引っ張っていくが、帰りは下りになるので1台1台トロッコをはずし、ばらばらで帰った。傾斜はゆるやかで時々ブレーキをかけるだけでよかった。トロッコには棒の先に藁を巻きつけたブレーキがついており、それを車輪に押し付けてブレーキをかける。現在、由良川の橋にはガードが設置されているが、当時これはなく、脱線すれば川に転落する。若い職員や慣れた人は由良川に架かる長い橋もかなりのスピードで渡ったが、私はほぼ直角に曲がる橋の手前でブレーキをかけるので、いつも自分で操作するトロッコは最後にしてもらった。スリルのある乗り物であったが、脱線など大きな事故があったとは聞いていない。

昭和44（1969）年当時、芦生森林鉄道としてテレビでもよく放映された。『アサヒグラフ2593号』（昭和48年7月13日）にも「タコ足伐採に侵される秘境に作業に向かうトロッコ」が載せられている。残念ながら現在は保線がまったくされずきわめて危険で、森林鉄道は動いていない。

赤崎東谷尾根の芦生大杉

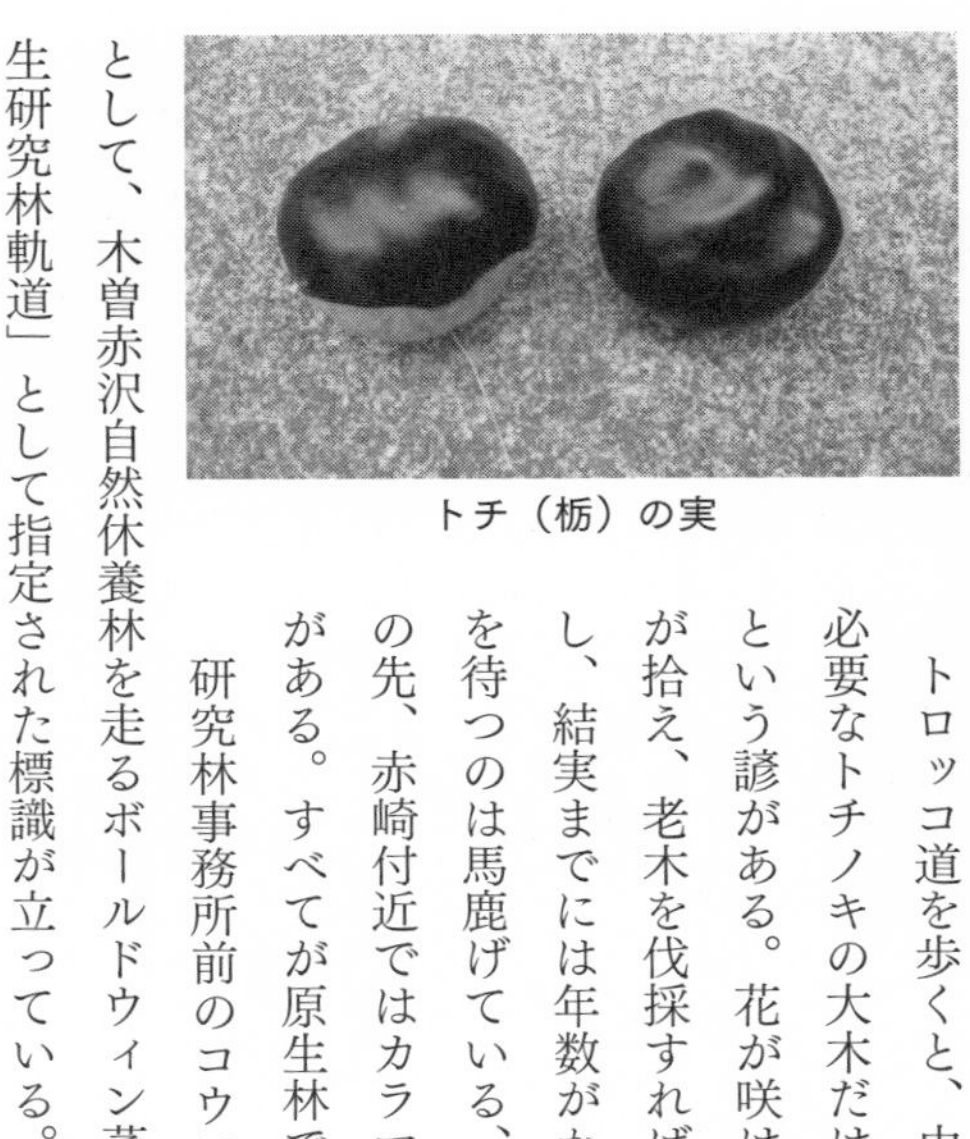
トチ（栃）の実

トロッコ道を歩くと、由良川沿いのスギ・ヒノキ林の中に、トチ餅づくりに必要なトチノキの大木だけは残されている。「トチ伐る馬鹿、トチ植える馬鹿」という諺がある。花が咲けば栃蜜が採れ、秋にはトチ餅の原料となるトチの実が拾え、老木を伐採すればその断面にきれいな栃杢が現れ高価に売れた。しかし、結実までには年数がかかる。それを伐ってしまうとか、種子を植えて結実を待つのは馬鹿げている、今あるトチノキを大事にしろという戒めである。この先、赤崎付近ではカラマツ並木がでてくるし、小ヨモギにはメタセコイア林がある。すべてが原生林でないことはこんなことからもわかる。

研究林事務所前のコウヨウザン（広葉杉）の下に、通産省の近代化産業遺産として、木曽赤沢自然休養林を走るボールドウィン蒸気機関車、高知・魚梁瀬の森林鉄道などとともに「芦生研究林軌道」として指定された標識が立っている。

II　芦生での暮らし・村の行事

（1）芦生での生活

1　芦生に赴任

大学院博士課程3年になり、就職を考えないといけない時期だった。芦生演習林でやっていた土壌動物研究がより面白くなっていたので、このまま研究を続けたくて、学術振興会の特別研究員に応募した。結果は補欠だったが、就職事情はいい時代、特別研究員に内定していても就職先がみつかると辞退する人が多いので、補欠でもほぼ確実に研究員になれるといわれていた。そんなとき、１９６６年の2月、あるいは3月だったろうか、四手井教授から「芦生演習林へ助手で行かないか」と聞かれた。土壌動物研究でも実習でも何度も行っている芦生、それも給料をもらって研究が続けられる。私にとって渡りに舟、考えてみますという理由がない。「行きます」と即答した。

当時の演習林長には常識的に「3年行ってくれ」といわれた。まだ独身であったが、その年の9月に結婚した。多くの仲間が祝賀会を開き祝福してくれた。自動車をもっていなかったので、ローンで中古車コルト１０００を買った。

芦生演習林に赴任して最初にあてがわれた宿舎は林長官舎と呼ばれていた昭和5（１９３０）年建築の銅板葺きの大きなものであった。宿舎を新築するので、完成までしばらくここでがまんしてくれといわれた。林長官舎はしばらく使われておらず、薪ストーブを長年焚いていたため室内は真っ黒だった。畳のすきまにはクサギカメムシがびっしり詰まっていた。窓を開け風を入れると目を覚まし、一斉に飛び出してきた。このとき壁についたカメムシ、それはすごかった。夏前に新築の宿舎へ移った。

妻礼子は、結婚してこんな雪深い僻地に来ることなど想像もしていなかったようだ。秋のことである。芦生でまず歓迎してくれたのがカメムシである。田舎ならこの季節どこでもカメムシの来襲があったであろうが、芦生のそれは数倍すごかった。虫嫌いの彼女にとっては大きな脅威だったようだ。「この世にこんな生き物が存在することなど芦生に来るまで知らなかった」とぼやいていた。カメムシは学生宿舎にも大量にやってきた。若い職員が掃除機のホースを伸ばし吸った。いいアイデアかと思ったが、部屋中がカメムシ臭くなった。

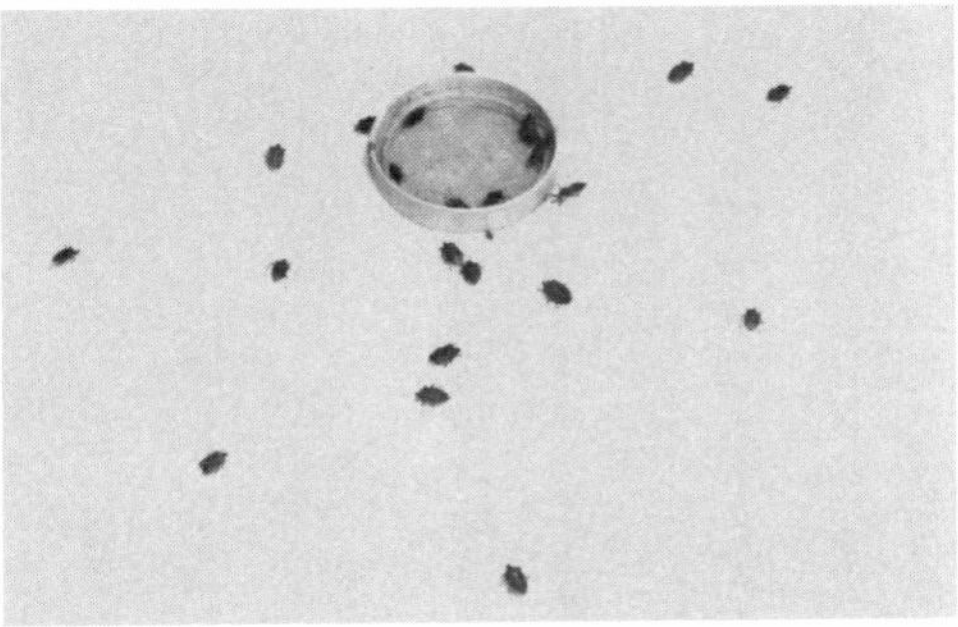

クサギカメムシ

芦生での生活で困ったのは買い物だ。昭和40年代当初のことである。芦生の集落には小さな生協があったが、肉・魚・野菜など傷みやすいものはおいていない。冷蔵庫もなかった。管理は井栗登さんのお父さんがやっておられた。それと週1回だったか、小型トラックに商品を満載した売り屋さんと呼ばれる移動販売車が来た。まだ大型スーパーなどない時代、時々片道1時間ほどかけて周山の小さなスーパーへ行くしかなかった。

一冬越した次の春のこと、宿舎のすぐ裏は苗畑だが、使っていないところは土地を分け合って野菜づくりをしていた。隣の児玉さんのおばあさんから、「生協にジャガイモの種が入った、植え方を教えるから買いに行っておいで」といわれ、妻礼子がさっそく買いに行った。生協で「ジャガイモの種を下さい」といったら、ジャガイモがでてきた。妻は「ジャガイモでなく種です」と答えた。井栗さんもびっくりしたそうだ。この話は、話題に乏しい集落でちょっとした笑い話になった。都会育ちの妻はジャガイモを植えた経験がなかったのである。ジャガイモを植えたことのない人には、この話のどこが面白いのかわからないだろう。

この当時、演習林の職員は25名くらい、そのうち、芦生の集落出身の方が9名おられ、そのほかも、佐々里、江和、田歌、佐々里、河内谷などの地元出身者がいて、地元以外から赴任して来た方と同じくらいいいた。さらに、夏になると伐採の人夫さんがやってきて、いわゆる飯場に寝泊りしていた。高知の人たちで土佐弁がいつも聞こえてきた。

やがて長男が生まれた。困ったのが牛乳のないことであった。妻礼子は粉ミルクでなく、牛乳にこだわっていた。目をつけたのが、分校の給食でビン入りの牛乳をだしていて、毎日昼までに配達されていたことである。これにもう一本加えてもらうことにした。もちろん代金は支払ったが、毎日、分校へ牛乳をもらいに通うことになった。

2 ご馳走は廃鶏

日本の秘境へ住んだというので、親族や知人が訪ねてくる。しかし、名の知れた観光地ではないのだから、来られても案内するレストランもなければ旅館もない。せめてヤマメ（アマゴ）の塩焼きを1匹くらいつけたいと思った。釣りの上手な人は、夕方仕事が終わってからクラブの裏の瀬でヤマメを釣り上げていた。演習林では学生宿舎に隣接する食堂、宿直室、娯楽室などをクラブと呼んでいた。淵ならわかるのだが、瀬での釣りである。こんなところにヤマメがいるのかと私も並んでやってみたが、やっとウグイが釣れたくらいだ。お客さんをもてなすために釣りに出かける技量は私にはなかった。

私自身も猟銃を持ち、狩猟免許も取得していたが、狩りに行ってクマ、シカ、イノシシを捕ってくる度胸はなかった。ヤマドリもいるが、足元から飛び出されびっくりしたくらいだ。

残っているのはニワトリだ。安掛の近くの内久保に数軒の養鶏場があった。ここへ廃鶏を買いに行くのである。当時、ニューカッスル病の心配もあったのだが、鶏舎にも入れてくれた。飼い主について行くと、大騒ぎするニワトリの中に、頭を下げしょんぼりしたやつがいる。それを引っ張り出し、逃げないように脚を縛る。一羽一羽の前に紙が貼られていて、なにやら書き込んである。卵を産んだら○、生まなかったら×。縛られた鶏の紙を見ると、×が数日並んでいる。厳しい査定であった。冗談に「あんたが入ってくると鶏冠が青くなるやつがいる」といわれた。数日、産卵をサボったことがばれたのを察知し、ニワトリも観念したのであろう。

廃鶏を買ってくるのはいいが、潰すのがたいへんだった。慣れないうちは血だらけのニワトリが河原を走り回るという光景も見られたが、潰した数に比例して腕も上がり、やがてあっという間に処理できるようになった。お湯に漬け羽根をむしればきれいなチキンであった。料理上手な妻礼子が内臓をとった腹に野菜・香辛料などを詰め、オーブンで焼いた。廃鶏とはいえ、お腹を開くと、明日、明後日の卵が繋がっている。時には殻のついた卵もある。これを生んでおけば殺されなかったのにと、少々後ろめたい気もした。ともかく、これがお客さんへのご馳走であった。宿泊は狭い我が家では気を使うだろうと、クラブの教官室に泊まってもらった。

小さな集落で、分校へ毎日牛乳をとりに行っていたこともあり、小学生は私たちのことを知っていて、日曜日になると数人連れで遊びに来るようになった。よその家に上がるのが珍しかったのであろう。お昼に作るホットケーキなども好評だったようだ。妻礼子はその子供たちをつれて時々、内杉谷の堰堤の上へゴリ捕りにでかけていた。ゴリとはヨシノボリなどハゼ科の魚のことだが、これがたくさんいて捕りやすいところを小学生たちはよく知っている。捕り方も上手い。道具も持ってきてくれる。

瀬の浅いところに金網でつくった三角形の箕をおき、周りに石を置いて動かないように固定する、三角形の箕の先に石を並べ、長さ1ｍくらいの三角形を作る。下流から自動車のタイヤにつけるチェーンを二人で少しずつ左右に動かしながら箕の方へ追い上げていく。ゴリが横一列に並び、チェーンが尻尾に触れそうになると箕の中に入っていくのだ。短時間で結構捕れた。ゴリ捕りの最中に体長10㎝近くなる、カバと呼んでいたカワヨシノボリやカジカが飛び込んでくると子供たちは大騒ぎしていた。

集落の人は栃餅を作る。これをよくいただいた。餡は入っていないことが多かった。その時々で味は違うのだが、ときにきわめて苦いことがあった。トチの実の灰汁抜き・さらし方が足りなかったようだ。それでもうれしいことであった。

この子供たちも小学校を卒業すると中村にあった中学校の寄宿舎に入り、親元を離れなければならない。入学祝いに和英、英和の辞書を贈った。

3　宿舎の断水

宿舎の水道は内杉谷から発電用に引いた水路から引いていた。各戸に水道メーターはついていなかった。

大雪の日の我が家

しかし、蛇口の先には木綿の袋をつけた。ごみが入ってくるからである。数日も使えばごみが溜まる。あるとき、小さなミミズが入っていたことがある。それまで心配せず生水を飲んでいたが、妻にはミミズが出てきたことはいわなかった。

渓流の水はどこもおいしかった。ところが人事交流で北海道演習林から転勤してきた職員はかならず水筒をもち歩き、生水を決して飲まない。キタキツネなどが媒介するエヒノコックス病の原因になるからと、小さいときから決して生水を飲まないようにといわれて育ったのである。

お正月は里帰りをするので家を空けるのだが、「凍結するから、水道は止めないで出しっぱなしにするように」といわれていた。ジャージャー出しっぱなしでなく、ちょろちょろにしておいた。これが失敗だった。休暇を終えて帰ってくると水がでない。完全に凍結していたのだ。雪を溶かし、熱湯を配管のあちこちにかけてみるのだが、少しも水はでてこない。「水道が凍って水がでない」

というと、「けちって、ちょろちょろしか出しておかなかったからだ。春まで風呂はなしだ」と脅かされた。一日に何度も雪を溶かし熱湯を作っては配管にかけた。３日ほどでやっと水がでたときはうれしかった。

風呂は薪だった。当時、分収契約により森林伐採が行われていたので、それをトラック１台分希望者でお金をだしあい買い取った。ブナやミズナラの大きな丸太であった。薪作りの作業は夏にしておく。職員は厚さ１ｍくらいの丸太でも、３つくらいに玉伐っていたが、私はチェーンソーで４つくらいに薄く玉伐った。それでもヨキ（マサカリ）が材に食い込み、外すのに時間がかかった。

ともかく、これを冬用のため宿舎の南側の壁沿いに積んでおく。そこが乾きやすかったからである。薪材を買わなくても、製材所で製材したあとのスギの廃材ならただでもらってこられたのだが、生材のスギはなかなか燃えてくれない。夏につくったブナやミズナラの薪の間に挟んでも切り口からぶくぶくと泡を吹き出し、火を消してしまうのだ。軒下に積んだ薪の隙間には「ズット」と呼んでいたイタチがよく入り込んでいた。


これらは昭和40年代の話である。現在は浄化装置も完備され、飲み水には問題はない。さらに、由良川最上流の芦生で汚水を垂れ流しはできないと、汚水処理もされている。現在、森林伐採はしていないので、薪はつくれない。プロパンガスや電気に代わっている。

4　芦生分校

昭和41（１９６６）年４月からの芦生演習林での６年の在任中、芦生で一番大きな建物である知井小学

芦生分校

校芦生分校の行事にはよく参加させてもらった。昭和40年代当時、1年、2年生が1クラス、3、4年が1クラス、5、6年が1クラスの複々式、生徒は各クラス数人で、先生は3人。ベテランの教頭先生と新任の若い先生2人であった。教員宿舎もあった。自分の子供が通っていなくても、学校の行事には村人みんながご馳走をもって参加していた。学芸会は大きな舞台のある講堂で行われた。この分校の開校は昭和30（1955）年だが、昭和61（1986）年に閉校（休校）となった。閉校式は翌1987年3月に行われた。昭和40（1965）年には生徒18名で、この年、府知事からスキー用具が贈られている。『知井村史』（1998）では廃校となっているが、地元芦生では今でも閉校あるいは休校といっている。再開を願ってのことである。

新任の先生は異動が早かったが、休日で大学院学生が調査に来ているときなど、クラブまで来てもらって何度か夕食をいっしょにしたことがある。

知井小学校の創立は、明治6年に組合立小学校を中村の継福寺に開校し、習字館と命名し、知見分教場と白石分教場をひらいたことにはじまるとされる。芦生分校より先に白石分教場、佐々里分校ができていたようである。

芦生分校閉校後、子供たちは通学バスで中村にある本校・知井小学校へ通っていたのだが、現在、その知井小学校の本校も廃校となり、旧美山町に7つあった小学校が統合された宮島にある美山小学校へ通学バスで通うことになった。片道25㎞である。芦生から中村にある知井小学校でバスを乗り換え美山小学校へ向かうのである。しばらく芦生には小学生はいなかったのだが、子供3人を連れてUターンした方がいて、小学生が一人うまれたのである。

現在、芦生には通称ナメコ組合と呼ばれる山菜加工場の「芦生の里」がある。シーズン中は満室になる「芦生山の家」もあり、近隣の他の集落にくらべ、雇用はある程度あるといえるが、芦生分校の閉鎖にもみられるように、ここでもやはり少子高齢化はきびしい現実になっている。

現在の人口は『芦生くらし』では22世帯44人とされている。

5 夜川と夜づけ（つけ針）

赴任した昭和40年代当時、夜川（よかわ）といって、何度かみんなで夜の由良川に入りウナギ捕りをした、懐中電灯だけでなく、どこからかカーバイトを焚くアセチレン灯まで持ち込む人もいた。昼間とはまったくちがう夜の川であった。ニョロキンと呼ばれるアカザがびっくりするほどでてくる。とはいえ、いるはずだというオオサンショウウオもウナギはいつもいなかった。由良川下流に大野ダムが完成するまで、ウナギ、スナヤツメ（ヤツメウナギ）、アユなどの遡上があったようだが、完成後はこれらの遡上はまったくない。アユだけは現在でも上流で放流している。体長40㎝ものベニマスを捕ったことがあるとも聞いたが、ヤマメの海降型のサクラマスのことだったのだろうか。

実際、夜川ではよくオオサンショウウオもでてきたらしい。昔、七瀬付近で捕まえたものは体長1m、重さ12kgの大物だったという。須後の学生宿舎まで水が来て、由良川橋も流されたというヘスター台風で河川は大荒れになり、その後こんな大物はいなくなったというが、今でも確実にオオサンショウウオはいる。信じられないことだが、オオサンショウウオは赤ん坊そっくりに泣くという。

この地方ではかつてオオサンショウウオを食べていた。怒らせると苦くなるので、熱湯に放り込み怒る時間を与えないで料理するといっていた。味は人によって表現がちがい、カシワの笹身のようだとか、フグのようだとかいっていた。今ではもうオオサンショウウオを食べることはないようだ。私も食べたことはない。

私自身、釣りはそれほどしなかったが、渓流で岩陰に逃げ込んだものを捕まえるのは得意だった。魚が逃げ込んだ岩場を確認しそこに手を入れて、魚が手に触れるとグッと掴むのである。あるとき、ヤマメが逃げ込んだのを確認し、岩陰を手で探っていくと、まちがいない魚のお腹に触った。しかし、頭はここ、しっぽはここと確認するとどうも大きすぎる。何だろうと思ったが気を取り直し、掴むと大きなイワナだった。体長36㎝の大ものだったが、ずいぶん痩せていた。由良川にはもともとイワナはいなかったという。由良川上流のものは滋賀県朽木生杉からもちこみ放したとされている。内杉谷やヒックラ谷にはイワナはいいない。

5月の連休の後、ブルドーザーの運転手に「ケヤキ坂まで除雪してきたから、明日、下谷へ釣りに行こう」と誘われた。「誰もまだ入っていないから入れ食いだ」という。ところが、ノリコの滝を下りてみると下谷の谷の両側に足跡が残っている。一番乗りのはずの私たちより先に釣りに来た人がいたのである。朽木生杉から雪の中を徒歩で釣りに来ていたのだ。渓流釣りでは二人並んでの釣りはできない。足音を立てないように一つ先の淵へ行くのだが、それでもこの日はよく釣れた。

つけ針もよくやった。釣り針に餌のゴリをつけ、重石の石をつけ、川の淵に沈めておくだけの簡単な釣りだ。しかし、これでもウナギを捕ったことはない。朝、見に行くと、目印につけたヨモギが淵の底で銀色に光っている。刺されると痛いというギギやコイにも似た大きなウグイ（イダ）がかかっていたことがあるが、小骨の多いウグイは好きでなかったので、どちらも放してやった。ある朝はイシガメがかかっていた。針をはずして逃がしてやろうとしているのに、頸をすくめ、なかなかはずせなかった。口が血だらけになってやっとはずせ、放してやった。

上谷や枕谷では、学生たちが渓流の淵に針に餌のミミズをつけ、放り込んでいた。足音で隠れたイワナやヤマメが静かになったあとででてきて針にかかるのである。一晩おいておくのでなく、しばらく放っておき頃合いをみて戻ってくるという釣りだった。

勧められてアユ釣りもした。アユ釣りの竿の値段は高かった。鼻管の通し方などを教えてもらい、おとりのアユを買った。入漁券も高かった。しかし、ついに一匹も釣らずにやめた。一度、確実にかかったことがあるが、緊張して上に釣り上げたので、アユを落としてしまった。友釣りは、かかったら水面を泳がせ、網で捕らないといけないのだった。結局、アユ釣りに出かけた日の晩ご飯のおかずはおとりのアユだけとなった。

オオサンショウウオ

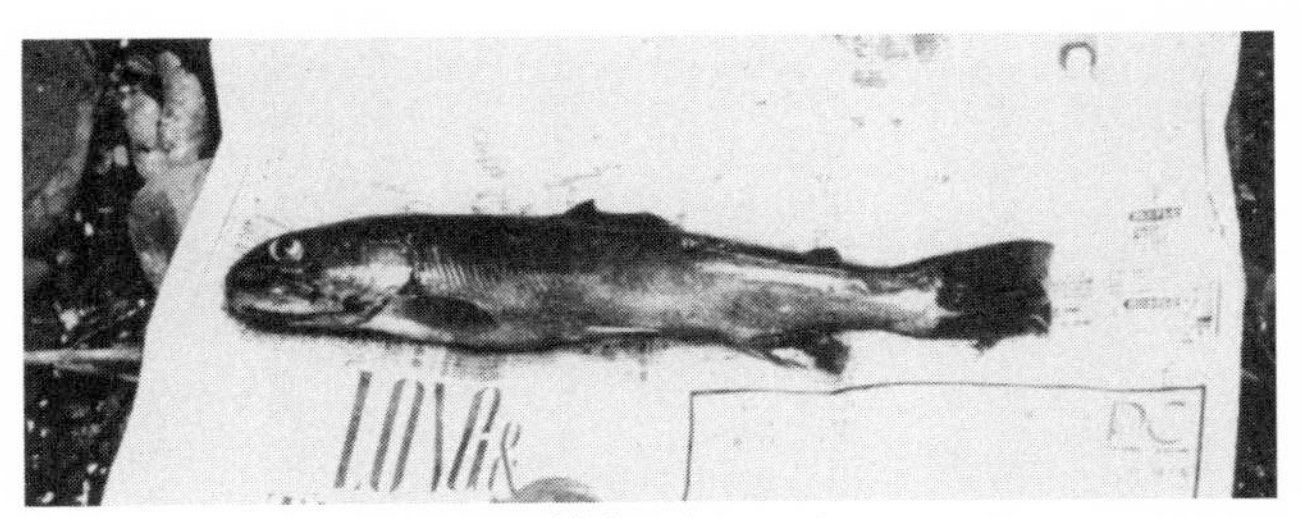

手で捕まえたイワナ

大きなウグイ

6 交流

秘境に住んでいることで、先輩や知人もよく訪ねてきてくれた。大阪府立大学農学部昆虫学教室の保田淑郎さんと内藤親彦さんも来られた。内藤さんはその後神戸大学農学部へ移られたのだが、芦生から新種記載されたクビナガハバチを採集したいと、新種が採集された日にあわせて何度か来られたことがある。食草はシダ類と目星をつけていたのだが、採集できなかった。その後、幼虫はネコノメソウを食べることが確認された。

カミキリムシ分類の大阪城南女子短大学長の林匡夫さん、カミキリムシ生態研究の高知大学農学部の小島圭三教授も来てくれた。小島教授は鳥類にも詳しかったのだが、あるときは鳥類研究者で保育社から出版された原色鳥類図鑑の著者小林桂助さんと一緒に来られたことがある。私自身も学生時代に神戸六甲の小林さんのお宅へ何度か伺っている。ミミズ研究の仲間で後に函館短期大学学長を勤めた上平幸好さんも若いときに来てくれている。

朝日新聞の本田・藤木コンビで『ニューギニア高地人』『アラビア遊牧民』などの探検記ですでに有名になっていた藤木高嶺さんが来られ、数日滞在したことがある。渓流釣りができる方には釣竿を貸して自由にしてもらっていたのだが、藤木さんは釣りはしなかった。登山家だったので、三国峠、杉尾峠などへいっしょに行った。その後、藤木さんのファンクラブでもある高嶺会で来られたときも、林内を案内した。これがご縁で朽木・朝日の森での合宿にも参加し、現在、高嶺会の顧問にされ、毎年の新年会や総会に参加させてもらっている。

学生たちとクマの写真を撮ろうとしているとき、朝日新聞の宇佐波雄策さんが来られたこともある。宇佐波さんはその後タイ語研修生となりタイ、バンコクに赴任するのだが、当時、私もタイ東北部のコンケン大学に長期滞在しており、焼畑による土壌動物への影響調査をしていた。ある日の夜、私の定宿である安ホテルに宇佐波さんが突然現れてびっくりしたことがある。その後、ニューデリー支局長を経て朝日新聞アジア総局長を務められたので、バンコクへ行くたび、お会いすることになった。宇佐波さんはその後ボーン・上田賞を受賞し、退職後は故郷の飯塚市に戻り、九州国際大学教授を勤めている。

芦生に在任したこと、そこでお会いしたことがご縁でたくさんの交流が生まれ、現在までそれが続いている。ありがたいことである。

当時、芦生の生活で不便だったのは電話がなかったことである。電話は演習林事務所にあるだけ、いわゆる呼び出し電話であった。仕事のことで、それも昼間に事務所にかかってきたときは、「仕事にでております。本人に伝えますので、電話番号を」と、メモをとってもらい、仕事から帰ってきてから電話するのである。

やっかいなのは私用であった。かけた後で料金を確認し支払うのである。当時、日曜日にはクラブでの宿直があった。独身者が多かった。ある日曜日の朝に私に電話があり、彼らが「電話ですよ」と伝えに来た。ゆっくり歩くと電話代がかかるので、大急ぎでクラブへ走った。

電話は四手井教授からのものだった。「淑子（四手井教授夫人）が芦生へ行くといってでかけた、頼みます」という内容だった。山科のご自宅から京都出町柳に出て、そこから京都バスで終点広河原まで来る。広河原から歩道を歩き佐々里峠を越えて佐々里の集落まで下りてくるはずだ。そこまで迎えに行くことにした。

当時、佐々里を越える林道も国道も開通していなかった。広河原から歩いて来なければならない。佐々里まで普通なら2時間くらいだろう。佐々里まで車で行き、待っている間に釣りをしていると、若いグループが通った。「バスにおばさんが一人乗っていなかった?」と聞くと、「後から一人で来るはずだ」という。

ナメコ

携帯電話のない時代である、何かの都合でバスに乗らなかったかも知れない。四手井教授もバスに乗ったことを確認して電話してきているわけではない。「芦生に行くといって家をでた」というだけである。もしバスに乗っていなかったら、私は佐々里で待ちぼうけだ。それよりも、その日、もし私が芦生にいなかったら、迎えに来る人はいない。泊まり・食事をどうするつもりなのだろう。淑子さんはもうでかけているのだ。

今考えると、乱暴な話ではあった。とはいえ、これも昔の話だ。現在は中継アンテナも設置され、携帯電話も通じる。「圏外」の表示がでるのは、由良川源流域だけだ。

佐々里峠には有名な石室はあるものの、上り下りは人通りも少ない山道であった。佐々里の集落のはずれで釣りをしながら待っていると、淑子さんが一人現れた。

淑子さんは芦生にはいつも数日滞在していた。キノコ研究者でもあったので、キノコを採ってきてはスケッチをしていた。

ある秋、四手井教授と二人で来られたときのこと。上谷でネマガリダケの中を進んでいて、先を歩いていた四手井先生が足を動かしたとき、跳ね上がったネマガリダケが後ろにいた淑子さんの顔を叩いた。「痛い、何で当てるの」、「跳ね上がったやつがたまたま当たったんや」、「当たるかも知れんと考えへんかったのか」と大喧嘩になった。恩師夫妻のやりとりに私はまあまあと割っても入れず、事態の静まるのを待ち、「この先にナメコがあります、もうちょっと行きましょう。それと、歩くときもうちょっと間隔をあけて下さい」といった。汗を引かせてくれる休憩になった。

7 雪

残雪の中の怪音

5月の連休明け、まだ残雪の多い中、一人で枕谷へ行ったときのこと。快晴で気持ちのいい日だった。「木の根開け」とか「木の根開く」とかいわれる光景、すなわち木の根元のまわりの雪が溶けて、ドーナツ状に隙間ができ、そこだけ地表が現れる。私の好きな光景だ。残雪の中には、けものの足跡も人の足跡もない。そんな静寂の中で、パシッと音がする。誰もいないはず、何の音？　と静かにしていると、また遠くでパシッ、パシッと音がする。まだ樹木の葉はでていないので、遠くまで見通せる、しかし、動くものはない。

次の瞬間、眼の前で雪に押えつけられていたサワフタギがパシッという音とともに跳びはねてでてきた。雪に押えつけられていた低木やササが雪の中から跳びだしてくるときの音だったのだ。その後も次々と怪

根開け

音がした。暖かい陽射しの中の出来事であった。

アシウスギは枝も葉も垂れ下がる。これも雪に対する適応で、雪が付かないように、枝が折れないようにしているのだが、下の方の枝は雪に抑えられ長い間、地面につく。ここから発根し、独立して親木から離れる。これを伏条天然更新というが、積雪地でみられる更新の一つで、親木とはまったく同じ、クローンということになる。スギだけでなく、ヒバ（アスナロ）や広葉樹でもみられる。芦生にはこの伏条更新したスギがある。これも残雪の中で枝先を雪の上にあげる。そのとき、あの怪音をだすのだろう。

ある年、宿舎の裏庭、といっても苗畑だが、そこに10㎝間隔の目盛りをつけた2ｍの棒を雪の降るまえに立てておいた。その年は芦生でもよく降った。雪の中に立ててあった2ｍの棒の先がわずかに見えるくらいまで積もった。林長官舎から移った宿舎はトタン屋根・切妻なので、夜中、屋根の上の雪がずる音がし、軒先からでたところが切れて落ち、何回かズシンと大きな音をたてた。雨樋はない、あったら雪が落ちるときに引きちぎられる。しかし、いくつかの建物が合わさった学生宿舎などではほうっておいては雪は落ちない。職員みんなで雪下ろしをした。応援に来たイヌが雪の上から屋根に跳び乗り、屋根の上を歩いていた。

この豪雪の年だったろうか、上谷で6月18日、わずかであったが残雪をみつけた。私が確認した一番遅くまで残っていた雪である。

芦生でも最近、雪の少ないことは確かである。研究林のモニターテレビで様子を見ることができるが、数年前のお正月には雪のない構内が映っていた。まったく信じられない光景である。地球の温暖化を実感するものであった。

座敷わらし

谷間にある研究林事務所や宿舎の陽当りは悪い。冬には陽が射すのも10時過ぎ、午後3時になると、もう日が陰る。冬になると雪で窓ガラスが割れないように外側に厚い板が立てかけられるので、昼間でも薄暗く電灯をつける必要があった。雪に覆われると毎朝のようにセグロセキレイがやってきて、板の隙間のガラスに映る自分の姿を見てガラスを叩いた。冬型の天候は数日ごとに変わる、数日晴天が続き、そのあとで数日雪が降り続く。演習林では林道工事用のブルドーザーをもっていたので、構内の除雪をし、口芦生までの車道の除雪はしたが、そこから先は町による除雪を待った。降るときは一挙に降る。除雪は雪が止んでからの仕事になる。降り止むまでは交通途絶になった。演習林事務所から15㎞ほどのところにある中村に、演習林の出張所があった。宿泊はできなかったが、歩いて帰らなければならなくなったときのために、長靴やカンジキを置いていた。しかし、雪の中を芦生まで歩いて帰ったことはない。

東北地方の座敷わらしのことは知っていたが、芦生にも座敷わらしがいると思わせる出来事があった。演習林では学生宿舎や食堂をクラブと呼んでいたことは既に述べた。その一番奥にある離れが教官室であった。樹木・造林自習でやってくる学生が泊る機会はまずなく、学生部屋・院生部屋へ泊まっていた。赴任してから、来客などここへ泊った人に会いに行くときに何度も入っているが、考えてみると私自身泊った覚えがない。ベトナム林業大学やインドネシア、ガジャマダ大学の学長や学部長を案内したこともあるが、私は院生部屋へ泊っていた。

雪の学生宿舎

ある冬の雪の日、用事があってこの教官室へ行ったときのこと。数日前にも入っていたのだが、その日に限って座敷の障子が動かない。力いっぱい引っ張っても動かない。向こう側で座敷わらしが引っ張っているのではと思った。諦めたふりをして、向こうが油断した隙に強引に引っ張ったら、やっと開いた。

しかし、すぐに理由がわかった。屋根に積もった雪のせいであった。雪の比重は新雪では約0・3、深さ1mなら1㎡に300kg、屋根の広さが10㎡なら3tもの重さの雪が載っている。障子・襖が開かなくなる理由だ。雪下ろしをしたあとは、もう座敷わらしはいなかった。

カンジキ

雪の中での生活にはカンジキが必要であった。芦生ではみんなこれを自作していた。市販・登山用のカンジキは爪が付いていて斜面でも滑らないようになっていたが、自作のものには爪はない。斜面の登りにはステップをつくるなどちょっと苦労するが、下りはスキーのように滑っていける。材料はハイイヌガヤの幹である。碁盤・将棋盤などに加工されるカヤは大木になるが、積雪地には低木でカヤに似たチャボガヤがある。

カヤの葉の先は尖っていて痛いのだが、イヌガヤは痛くない。雪国にはこのイヌガヤに似て雪に押され地表を這うハイイヌガヤというのがある。ハイイヌガヤの幹は曲げても折れない。この性質を利用して、ウシの鼻輪にも使っていた。これをカンジキに使ったのだ。ハイイヌガヤの幹を楕円形に曲げ、紐で縛る、長靴の底がのるところに紐を張り、長靴が抜けないように紐を取り付けたものだ。軽いので積雪のある時期はいつも持ち歩いていた。当時、ハイイヌガヤはいくらでもあった。ところがシカがこれを食べてしまった。今では崖の先端などシカの口が届かないところにわずかに残っているだけだ。

世界の雪深いところでは、どこでも雪の上を歩くための類似のカンジキが作られている。日本のものは和カンジキと呼ばれている。最近では軽量のアルミ製のものが市販されているし、スノーシューもある。

ハイイヌガヤ

（2）芦生案内

1 松上げ

芦生の集落を一つにする行事が毎年8月24日の夜に行われる松上げだろう。私もこれに参加していた。口芦生の対岸の河原に高さ20m以上にもなる灯篭木（とろぎ）と呼ぶヒノキの大木を立て、その先端につけられた逆三角形の籠（笠）に火のついた上げマツ（火マツ・上松明）をほうり上げ、これに着火させるのだ。籠の中には枯れたスギの葉など燃えやすいものが入れてある。起源はお盆の行事ではなく、愛宕権現の火除け祈願とも聞いたが、現在ではお盆の行事とも考えられているようだ。美山町鶴ケ岡などに同様の行事があるが、ここでは上げ松と呼んでいる。

京都・鞍馬山の奥にある花背や広河原の松上げは有名で、観光バスで多くの観光客が詰めかけるが、ここ芦生の松上げは集落の行事、それだけに集落の男は全員参加していた。寛永年間に愛宕信仰に結びついてはじまったとされ、320年の歴史をもつことになる。1988年、京都府の無形民俗文化財に指定されている。

上げマツとは、脂（樹脂）をたくさん含んだアカマツの心材を長さ10m、厚さ1cmほどに細く割り、これを約20本束ね、一方を紐できつく縛ったものである。それに紐をつけ、振り回せるようにする。私には輪切りにしたマツ材がまわってきた。これで上げマツを作った。私だけではなく多くの演習林職員も参加した。

松上げの場所は河原であるが、砂地ではない、大きな石がごろごろしている。昼間なら石を除けて歩けるだろうが、まっ暗な中での松上げである。地下足袋をはき脚絆を着けているが、石に挟まれ、躓づく。周囲に地マツ（地松明）と呼ばれる明かりがつくが、見ているぶんにはきれいでも、投げる人の明かりにはならない。上げマツに火をつけ、振り回してより火を強くし、先端の籠に向けて放り上げる。これまで長く経験している男たちの上げマツは確実に籠近くに到達するが、私のものは大きな放物線を描いてどこか遠くへ飛んでいく。もちろん、みんなの上げマツが籠に向かって上がるわけではない。ときには横から飛んできたりもする。それでも興奮状態にあるのでこれを一瞬に避けることができた。

火がつかなければ朝まで続けると聞いてはいたが、たいてい2～3時間で火はついた。誰の上げマツが籠に入ったかは大きな声でわかった。火が着くと燃え盛るのを待って、灯籠木を倒す。この夜、最初に籠に入った一番松は縁起のいいものとして、玄関に飾る。

これは私自身では確かめていないのだが、『芦生通信第3号』（1987年9月発行）に、松上げは神事、けがれを避けるため女性や3年以内に不幸のあった家のものは参加できない。もし火がつかなかった場合は村のどこかにけがれがあるとされ、愛宕神社に参って種火をもらってこないといけない、と書かれている。

最近、久しぶりに松上げを見に行った。ジュースなどを売る店もあり、見物客も多かった。観光客を芦生山の家に泊め、この行事を見せたらいいのではと思ったのだが、山の家の館長今井崇さんも還暦を過ぎたのに、ここ芦生では若手の一人、松上げの準備から終了まで第一線で働かないといけない。とても、山の家に観光客を泊め、世話をしているわけにはいかないといっていた。観光のためのものではない、先祖から続く伝統の行事、残して欲しい行事だ。

2 芦生熊野権現神社のワサビ祭り

芦生山の家の登り口に芦生熊野権現神社がある。大きなスギ、モミ、アスナロ、ホオノキに囲まれ、ヤブツバキもある。この神様のお使いはクマであるという。祭りは4月10日で、ワサビ祭りともいわれる。クマとワサビとは妙な取り合わせである。この集落にはクマ猟をする人たちがいた。主に冬ごもり中のクマを捕ったのである。肉は貴重な蛋白源でもあったし、熊の肝（胆のう）も目的であったようだ。クマを捕ることを許してもらい、そのかわりワサビを食べないことを約束したというのである。

ワサビは下谷や枕谷にたくさんあったが、根茎はどれも細かった。山の中で刺身などないのだから、すり下ろしたワサビの出番はない。食べるのは春、花の咲いた時に長く伸びる茎であった。

このお祭りにはヤナギの箸を添え、ワサビを食べなかったことを認めてもらい、そのあとで初めてワサビを食べる。私も参列させてもらったことがあるが、村人全員そろっての宴会であった。

ワサビを食べないという約束は簡単なものであったと思える。その由来はともかく、クマ猟をする猟師はワサビ、それもチューブ入りのワサビも決して食べなかったという。しかし現在、芦生にもう猟師はいない。このタブーは今も守られているのだろうか。

ワサビ

熊の胆

3 芦生神社と中山神社

芦生研究林事務所の建物は昭和5年の建造、鋭角の銅板葺きの屋根を持つヨーロッパ風ともいえるハイカラな建物である。その向かって左側、大きな石の近くに「蘆生神社」がある。ここの拝殿の前に立ち、石段のつながる斜面上部に眼をやると、小さな本殿が樹木の間に見え隠れした。この神社は和歌山県・紀伊一の宮伊太祁曾神社から請来したものだと、若くして亡くなられた斉藤達夫林長から聞いたことがある。昭和9（1934）年に創建と聞いた。祭神は五十猛命（いそたけるのみこと）と妹神の大屋都津比命（おおやつひめのみこと）と都麻津比売命（つまつひめのみこと）で、ともに木を植えたとされる神々である。この芦生をはじめ、林業地にある小さな神社にはこの木の神・伊太祁曾神社から請来したものが多い。

昭和41（1966）年当時、4月のはじめ、山の安全を祈って山入り式が行われた。神主は若い職員が毎年交代で務めた。式当日までに練習してくるのであろう、斜面中腹の本殿から聞こえてくる祝詞はどの年も上手だった。このあとは、仕事を休んで職員全員での直会（なおらい）がある。直会とは神前に供えたお神酒を参拝者がいただくことだ。この古い本殿は台風で倒壊し、2019年10月15日に、事務所横のもとの拝殿の位置に本殿が新築されている。鳥居は2本の柱に注連縄のかかったものになっている。

長治谷から歩いて滋賀県境の地蔵峠への道、川を渡った先に中山神社がある。中山とは上谷と下谷の合流点付近の地名、長治谷小屋の建設の前に中山小屋があったところである。もともとはここにあったので中山神社と呼ばれていたようだが、私が芦生へ初めて行った当時はすでに現在地にあった。

中山神社にはアスナロがあり、大きなトチノキが残され、まわりのスギも大きく、植えられたもののよ

中山神社の例祭

うにも思える。いずれにしろ、朽木生杉から長治谷へのルートである。毎年5月10日が祭礼日である。ところが、ここのお祭りは朽木生杉の人たちによって行われる。朽木中牧にある大宮神社の摂社の扱いなのであろう。神主も生杉の人たちであった。おそらく、この地域がかつては生杉集落の支配下にあったことを示すのであろう。

祭礼当日は生杉から村人がおいしいサバ寿司などご馳走をもって、急な坂道を登ってきた。当時は芦生演習林からも和田林長をはじめ、時には職員ほぼ全員で参加した。ある年は私が代表として参加し、須後から生の鯛を持って行ったこともある。5月の初めのことである。残雪を鯛の上にのせて行った。林道は少しずつ伸びていたが下谷ではいくつもの丸木橋を渡った。

祭礼のあとはここでも直会である、しかし、これが簡単には終わらない。夕方近くになり、やっとお開きとなるのだが、着任した年などは、終わっても帰してくれず、生杉まで拉致された。どなたの家に泊められたのかも覚えていない。結婚し、妻が来てからは、二人とも拉致され、別々のところへ泊められ、朝、二人で山道を登って帰ってきたこともある。演習林の若い職員が、生杉のぼた餅は塩味だったと話題にしていた。

つい最近、ちょうど祭礼の日に中山神社の前を通りかかったが、お昼前にはもう片づけられていた。林道を車で上がってきていたのである。お神酒だと一杯だけもらったが、最近は研究林からの参加はないといっていた。

4 廃村灰野

私が芦生に赴任した昭和41（1966）年には、灰野にはトロッコ軌道のある左岸に三軒、川向い右岸に2軒の廃屋が残っていた。萱葺きの屋根にはまだ千木がのっていた。昭和36（1961）年、芦生に電気が通じたとき、ここまでは電線が伸びなかったとされる。廃屋を覗くと囲炉裏のまわりに鍋や大きな壺などがおきっぱなしであった。すべてをトロッコで運ばないといけないところ、大きなものは持ちだせなかったのであろう。

畑の一部はまだ耕作されていたし、屋敷内のカキノキにはたくさんの柿の実がついていたが、採りに行くとたいてい先にクマに採られていた。放棄された畑には住民がスギを植えて去った。現在スギが大きく育っているが、間伐など手入れをしていないだけに、一本一本の大きさがちがう。クマ剥ぎの心配から、幹にロープが巻かれている。

トロッコ道のわきに大きなトチノキが残され、その下にアスナロ、ヒノキに囲まれて小さな社がある、

灰野の廃屋

一時、朽ち果てていたが、元の住人が寄進したのだろうか、小さな鳥居をもつお社になっている。ここを通るときはいつもお参りをして行く。このお社の周囲にはツバキがある。雪深いところのこと、あるいはユキツバキかと興味をもち、花の時期に確かめたら、まちがいなくヤブツバキであった。大木でないこと、廃村になったとはいえ、村落周辺にあることから、人が植えたものであろう。ツバキは芦生熊野権現神社にもある。

廃村灰野の線路わき、佐々里峠へのルート入口に「灰野の歴史」として、白い標識が立っている。どなたが立てたのか、どんな資料からの情報なのか知らない。そこには「寛永15年（1638）この頃より由良川下流15kmにある南・北村、さらに中・田歌村から芦生奥、赤崎・灰野などに山番を派遣して定住させる。翌年には赤崎より奥、小ヨモギ・大ヨモギなどに南村より12人定住する。慶安3年（1650）、北村より7人灰野に定住する。更に奥、七瀬・中山にも寛文5年（1665）に木地師が定住していた記録があり、その後も各地に居住する人達がいたが、昭和35年に灰野が廃村になった時には由良川最上流の集落であった。最盛期には八軒、旅人相手の宿もあって、今も芦生の集落に残っている松上げや盆踊りが盛大に行われていた。人によってはヤマメを釣って売り、冬には狩猟を行って生活していた」とある。

ここ灰野を案内するとき、「このあたりには山姥伝説がある。旅人相手の宿に泊まった人はいるが、帰った人がいない。宿の裏庭からたくさんの切り刻まれた人骨とぼろぼろに刃が欠け錆びた包丁が出てきた」と冗談をいっている。8軒の民家と1軒の宿ということで、八軒の宿ではないが、こんな山奥へ来る旅人がいたとは信じられないことだ。当時のこと、ヤマメはよく釣れたであろうが、長く保存できるものではない、売るのは難しかったであろう。やはり、安定した収入は炭焼きであったと思う。貯蔵が効くので、まとめてウシの背に乗せ、佐々里峠を越え広河原まで運んだのである。

芦生演習林設定前の大正1（1912）年5月、三高山岳部パーティの今西錦司さん、西堀栄三郎さんたちが平屋で泊り、翌日江和まで乗合馬車で、その後は歩いて灰野まで行って泊っている。灰野にあったという宿ではなくテントを張ったのだろう。次の日は由良川を遡行し、中山から灰野に戻っている。健脚である。その後、三高山岳部は熱心に芦生へ通うようになり、大正13年5月には今西さんと田中栄二郎さんのコンビが能見から広河原へでて、そこから佐々里峠を越え、灰野の山口嘉吉方に泊めてもらい、翌日はケヤキ坂を越え中山の小屋に泊まったという記録がある（斎藤清明『京の北山ものがたり』松籟社、1992）。それにしても一日の行動距離のすごさには驚く。

登山では昭和16年11月天狗岳（天狗峠）から三国岳へ行った記録がある。（秋月良造『丹波高原天狗岳―芦生演習林　山幸84』、1941）、芦生で一泊し、七瀬の吊橋を渡って人の住まぬ小屋で昼食、天狗岳（峠）

から三国岳に上り能見へ下るがひどい藪だと書かれている。私は学生実習や演習林の助手になってから七瀬には何度も通っている。小屋跡はあったが、吊橋は渡っていない。吊橋は昭和30年代までになくなったようだ。七瀬の川幅は広いが、浅い瀬で靴を脱いで渡った。

5　地蔵峠と一石一字塔

由良川最上流の長治谷小屋から枕谷を遡行して高島市朽木生杉に抜ける峠が地蔵峠である。この名からすると、地蔵があったはずだ。昭和41年7月のこと、学生実習で四手井綱英教授らとこの峠で休憩したとき、地蔵さんがあるはずだという話になった。少し高いところがへこんでいる。あそこかもしれないと登ってみると、落ち葉に埋まって石がある。しかし、丸くない、お地蔵さんの頭とも思えない。掘り起こしてみると高さ50㎝ほどの一石一字塔だった。表に「般若心経延命地蔵経　一石一字塔」とあり、裏に「寛政十年七月吉日」とあった。

この石塔は立て直しておいたが、その後、扇谷から生

地蔵峠の一石一字塔

杉への林道が開通したので、現在はゲート近くにつくられたセメント製の祠の中に移されている。寛政十年とは西暦1798年、220年も前である。生杉の人たちがこの石碑の存在を知らなかったとは思えない。小さな石塔がころっと倒れ、見えなくなってもあまり気にしなかったのであろう。いずれにしろ、芦生と朽木の間に、古くから人の往来があったという証拠である。

6 野田畑の木地師居住地

長治谷から上谷に入ると、木地師が居住していたとされる野田畑に入る。広い湿地で、対岸に大きなスギが2本立ち、その真ん中にクロマツがある。アカマツは三国峠山頂などにもあるが、クロマツは海岸性のもの、こんなところにあるはずのない樹木である。芦生では、明治時代にここに人が住んでいたことがわかったので明治村、三軒あったので三軒家、あるいは杓子を作っていたので杓子屋とか呼んでいた。古い職員に聞くと、土の中から作りかけの下駄や杓子が出てきたことがあるといっていた。

クロマツのあるところには石垣があり、ヤマナシや小さな実をつけるリンゴがあった。オオウラジロノキの実も赤くなるが、それではなかった。周囲の山沿いにはたくさんのスモモが植えられていて、春にはこの湿地のまわりが真っ白になった。秋、9月には小さなスモモの実がたくさんついた。スモモ酒を造るためこれを拾いに行ったのだが、先にクマが上り、枝をぼきぼきに折っていた。それでもたくさん拾えた。

歩道は、もとは湿原の真ん中に木道があったが、板のところ、細い丸太を並べたところなどがあり、毎年春に修理しないと歩けないしろものであった。最下流のサワ谷に近いところだけは陸地化しススキ原になっていて、ここにはいつもマムシがいた。陸地化し、カエルやイモリなどえさが多かったためであろう。

往年の野田畑。ショウブで埋めつくされていた

2本の大きなスギのある谷を詰めると一面のワサビであった。野田畑の上流は湿地で、ショウブ、カキツバタ、ミゾソバ、ボンバナと呼んでいたミソハギ、オオバノトンボソウ、わずかではあったがトキソウやアケボノソウもあった。職員はお盆にミソハギを採っていたが、私は菖蒲湯のために新しいショウブの葉を採った。

野田畑も景観の大きく変わったところだ。木道は廃棄され、左岸の山沿いに新しい歩道がつけられている。景観の大きな変化とは、ほとんどが陸地化し、湿地がなくなっていること、そこがイワヒメワラビで覆われ、下流部ではススキに代ってオオバアサガラがせいせいと伸びていることだ。

芦生の木地師居住跡についてはかつて末沢春一朗さんが調べてくれた。滋賀県永源寺蛭谷の筒井八幡宮には氏子駈が残されていて、杉本寿『木地師支配制度の研究』では関係する芦生研究林内の記録として「正保4年（1647）丹波ひつくら13軒54人、寛文5年（1665）知井中山25軒124人、寛文

スモモの花盛りの野田畑

10年（1670）知井ノ内七瀬山6軒33人、延宝7年（1679）あしう3軒13人、貞享4年（1687）芦生山2軒13人、元禄7年（1694）中山12軒61人、七セ2軒9人、ひつくら7軒38人、享保5年（1720）櫃倉山12軒、あかさき1軒4人、天文5年（1740）中山5軒58人」など、研究林内と考えられる地名が残されているという。

寛文5年（1665）の知井中山25軒134人などとても信じられない数字である。ヒックラ谷の坂谷の出会いにもスモモがあった。ここにも木地師が居住したことがあるのだろう。永住していたのではなく、焼畑の出作り小屋のように夏の間だけ居住していたのではと思っている。雪深いところ、永住なら堅固な家を建てる必要があったはずだ。

明治初年、若狭永谷から野田畑に3軒が入り明治40年まで居住し、小椋重左衛門ほか2軒で轆轤は使わず、ブナ材で汁・飯杓子を作り、製品は若狭小浜へ運んだ。重左衛門の子、義太郎ら二人は生杉へ下ったとされる。

お二人に会って、野田畑での生活はどんなだったか聞いてみたかったが、学校もない中での生活だったはずだ。話したくなかったかもしれない。

III 長治谷

1 須後（芦生）から長治谷へ歩く

私が初めて芦生へ入ったのは大学院に入学してすぐ、昭和36（1961）年5月の連休のこと、当時4回生だった中島義昌さんたちとであった。京都駅から国鉄バスで美山町安掛へ、京都交通バスに乗り換えて終点田歌へ、田歌からは須後の演習林宿舎まで歩いた。学生宿舎は夕食時の6時から9時まで自家発電の電灯がついたが、9時に合図があり、消灯、あとは石油ランプであった。廊下にたくさんの石油ランプがぶら下がっていた。この自家発電は昭和26（1950）年にはじまり、芦生の集落との共同経営だったようだ。演習林では消灯は9時だったように記憶しているが、芦生集落では10時だったと聞く。実習の学生を早く寝させるためだったのだろうか。ともかく、最奥の集落にも夕方だけだが電灯が灯っていた。

次の日は須後から内杉谷を遡り、幽仙谷からケヤキ峠近くの尾根へ上がった。内杉谷林道はヒックラ谷との合流点落合橋あたりまで開設されていたようだが、もちろん、学生に車を出してはくれない。やっと尾根に上がると、保存木に指定されていた大きな連理のミズナラがあった。下谷の最上流のオホノ谷、ノリコの滝の横を下って下谷の谷底をあっちこっちと何度も丸木橋を渡り、本流（上谷）との出合である中山で、対岸の左岸へ渡り、雪のまだ残っていたドイツトウヒ林を抜け、丸木橋を渡ると背の高いススキの向こうに銅版屋根の建物、長治谷小屋がようやく見えてくる。たっぷり一日の行程であった。今では林道が開通し、ほぼ1時間で行けるが、まったく林道のない時代のこと、須後から長治谷まで16㎞の旧歩道を歩いた経験をもつ人はもう少ない。

下谷トチノキ平の手前で対岸から流れ込む池の谷から長治谷へ行ける歩道もあった。距離的に近かったので職員の多くはこちらを利用していた。

長治谷小屋（作業所）は大きな建物であった。演習林職員は作業所といったが、登山者は長治谷小屋と呼んでいた。建物は切妻でなく「コ」の字形の建物で、玄関は向って左側、玄関の上には「大學」の額、玄関を入った後ろに1枚の板に「Club MIKUNI 1925」、もう1枚の板に「長治谷作業所　昭和十年晩秋」の額が並べて打ち付けられていた。

長治谷小屋

こんな山奥によくぞこんな大きな建物を建てたものだ。もちろん林道もない時代である。昭和10（１９３５）年、製材所を作っての作業で、それも数カ月はかかったはずだ。完成後はここに職員夫婦を住まわせ、戦時中も戦後も毎日の気象観測をさせたという。元演習林職員の大牧光之助さん夫婦は、冬の間もここに住みこんで気象観測をしていたと聞いたことがある。長治谷での最低気温マイナス20℃、最深積雪３ｍ15㎝も、このときの観測で記録されたものである。

長治谷小屋はランプだといったが、助手になって数年後、ここにホンダの発電機が導入された。長治谷小屋の左に炊事用の小屋があった。現在の作業小屋である。学生実習では学生、大学院生、指導の先生方全員で40人近くになった。数人のおばさんたちが炊事用小屋に詰めて三食をつくっていた。炊事用小屋にはもう一部屋あったので、文字通りここにごろ寝をしていたのであろう。実習での長治谷小屋への宿泊は数日であったが、ＩＢＰ（生物学事業計画）のブナ林の調査では人数は少なかったものの、日数はもっと長かった。

長治谷小屋の玄関に掲げられた額

このときも食事づくりをしていただいた。炊事場のとなりに茅葺の小屋があり、そこには大きな騒音をだす発電機が置かれていた。

ランプと電灯では大ちがいだが、発電機のご機嫌取りはたいへんだった。ときには数日、冬なら数カ月使っていない。スターターのひもを力いっぱい引っ張っても、クスンともいわない。何度も繰り返す。日没近くになりあたりが暗くなるが起動しない。いっそうあせりが増してくる。やっとエンジンがかかり、指定のボルト、アンペアに調整し、送電のスイッチを入れる。パッと電灯がつく、学生たちの歓喜の声が聞こえるようだ。もちろん、狭い部屋で大型のオートバイがエンジンを噴かしているようなものだから、外の音はまったく聞こえない。それからは昼間に試運転をし、起動するのを確かめるようにした。9時少し前に消灯の合図をし、送電のスイッチを切ると、外はまったくの静寂、満天の星だった。

2　長治谷小屋

長治谷小屋の玄関を入って左側にストーブの部屋があり、四方の壁ぞいに大量の薪が置いてあった。夏でも涼しいところ、人がいれば必ず煙突から煙が上がっていた。ここで濡れた衣服や靴を乾かし、炊事をし、談笑したのである。それだけの薪を毎年作ってくれていたということだ。学生部屋は広く、二段ベッドが並んでいた。毛布にくるまって寝るとノミに襲われた。寝る前にノミ取り粉を振りかけた。教官室、助手室と呼ばれた小部屋もあった。教官室は畳の和室だった。

昭和30年代はまだ発電機はなく、石油ランプだった。ランプは一晩でほや（ガラス）が汚れ、暗くなってしまうので、ランプのほや磨きは宿泊者にとって必須の作業であった。ランプの光では、人が動くだけで影が大きく動く。時にこれが幽霊にも見えた。窓の外はススキの原っぱの中に、見え隠れに歩道が見えるだけ、まったく静かなところ、夜の静けさは怖いものであった。それだけにここにも長治谷の七不思議の話があった。トイレの下から手が出てくるといったどこにでもある話から、夕方、薄暮の中を白い衣を着た巡礼がチリンチリンと鈴を鳴らしながら通るとか、チンカンドリが鳴くといった話だった。

巡礼の話とチンカンドリの話はまちがいなくトラツグミの鳴き声であろう。毎夜、御所に現れ、時の帝を怖がらせた鵺（ヌエ）の正体で、源三位頼政が退治したとされるものだ。低い声で「ヒー」と鳴き、しばらくしてちがうところから「ヒー」と鳥らしからぬ声で鳴く。トラツグミの鳴き声だと知っていれば何でもないのだが、知らないと気になる存在だ。冗談に、今でもこの小屋があったら買い取ってエステホテルをやっているといっている。「一晩、女性一名様限定」のホテルだ。次の朝、げっそり痩せて出てくる

雪の長治谷小屋

こと請け合いであった。

長治谷も現在は明るい芝生地になり、キャンプ地の指定もあるが、当時は須後からも遠く、朽木村生杉からの林道も開設しておらず、どこから来るにしても遠いところであった。だから、長治谷小屋は登山者の避難場所としての役割もあった。玄関には門があったが、カギはかけていなかった。登山者が許可なく入ることは少なかったであろうが、京大関係者が滞在していれば、宿泊させてもらえたはずだ。

私自身、学生時代に何度もここへ泊ったが、登山者を入れたこともある。ここまで来る登山者も少ない時代、人恋しい雰囲気のところであった。実際に、幽霊を見たという人も知っている。つい最近、かなりお年寄りの登山者に長治谷で会ったら、昔、ここにあった小屋へ泊めてもらったことがあると懐かしそうにいっていた。

京都府林業試験場のメンバーが長治谷小屋へ泊まりアシウスギの調査していたとき、お昼に帰ってくると誰かにご飯を食べられていたことがある。せめて「おいしかった、ごちそうさま」とでも礼状を書いてくれていたらよかったのにと慰めた。

3 雪下し

長治谷小屋が開設されてまもない、昭和15（1940）年2月7日のこと、大雪の中、この小屋の雪下しに当時の演習林職員10名で向う途中、ケヤキ坂近くで表層雪崩が発生、先頭の数名が巻き込まれ、主任の山内栄一さんと五十嵐清文さんが殉職されている。旧知井村の警防団など約100名が救助に向かったが、到着したのは2日目、発見は3日後と5日後だったとされる。当時、内杉谷はまだ大規模な伐採はされておらず、原生林状態であったはずだ。雪崩は高山の森林のないところで発生するものと思っていただけに、なぜ、どんな状況で発生したのか、今でも知りたいことだ。

昭和25（1950）年10月5日には当時芦生演習林長であった西井三郎さんと本部から来た事務職員の本田良二さんが内杉谷上部から中ノツボ谷に迷い込み、疲労のため殉職されている。まだ雪のない時期だが、天候は雨だったようだ。今なら尾根へ上がれば林道があるのだが、当時のこと、森の中で迷い、方向・位置がわからず、急峻な谷へ入りこむと脱出は難しかったのであろう。

長治谷小屋の弱点は雪下ろしが必要だったことだ。切妻の屋根であれば、雪は自然にずり落ちるのだが、「コ」の字形の小屋では雪はずり落ちず、雪下ろしに行かないといけない。芦生演習林の助手になってから、1月末と2月末の2回、それぞれ2泊3日で雪下ろしに行っていた。林道はケヤキ坂、あるいはノリコの滝近くまでと次第に延長されていたが、若い独身の職員もたくさんいる時代、元気いっぱいの若者がラッセルしてくれるので、楽ではあったが、下谷ではたくさんあった丸木橋でスキーをはずしカンジキに

雪下ろしに向かう

履き替えて渡り、そこでスキーを履きなおした。朝8時にでて、長治谷には夕方早く着くくらいで、すぐに晩飯つくりにとりかからないといけなかった。米や味噌などは貯蔵されていた。次の日、雪を下ろすのだが、梯子をかけなくても簡単に屋根へ登れた。

ストーブに火を入れ、部屋が暖かくなるとヘコキムシとかクサムシと呼ばれるカメムシが飛び出してきた。クサギカメムシは触らなければ匂わないのだが、長治谷のものは小型のアオクサカメムシやシラホシカメムシで、飛んでくるだけで臭い。毛布の中にも入っていた。私自身はカメムシ草とも呼ばれるパクチー（コリアンダー）大好き人間で、カメムシの匂いも耐えられないほどではないが、隣のベッドでは臭くてとても寝られないと騒いでいた。

この小屋には大きな風呂があったものの、きわめて効率の悪い風呂であった。樹木実習・造林実習を終えたあと、指導の先生方に夕食のまえに風呂に入っていただこうと思うと、お昼から薪を焚かないと沸かない。炊事のおばさんたちは学生を含め大人数の炊事に忙しいので、とても風呂の面倒までは手がまわらない。長治谷小屋へ泊っての実習ではお昼の弁当のあと、私が一人先に小屋へ戻って風呂焚きをした。

4　今も気になっている私の判断

昭和41年当時、林道は下谷と上谷の合流点中山の出会いを越え、歩道も右岸を通ることが多くなっていた。実習でも須後の学生宿舎に泊り、トラックに学生を満載して運ぶようになった。次第に研究者も須後に泊り車で長治谷に行くことが多くなり、小屋自体も床が傾くなど老朽化が進んでいた。長治谷小屋の利用も少なくなっていた。自炊をしないといけないこと、ランプだったこと、風呂へ入れないことなどの不便があったからだ。一方、人里離れた生活は非日常的で、楽しいものだった。農学部昆虫学専攻の中村浩二さんは谷沿いにあるカガノアザミ（のちに新種アシウアザミと記載された）につくコブオオニジュウヤホシテントウ、農学部森林生態学専攻の塚本次郎さんは土壌動物、理学部動物学専攻丸山隆さんらはイワナ・ヤマメなど、好き好きに長期滞在して研究していた。みんな若さもあっただろうが、研究対象を眼の前にしての生活は充実して楽しいもので、おそらく最も仕事をした時代でもあるのだろう。

土壌動物研究の塚本次郎さんには時々差し入れに行ったが、時にたった一人で小屋に泊まっていた。冷蔵庫もない時代、生鮮食料品は長くもつはずもなく、ご飯を炊き、昆布の佃煮をおかずに、生のニンジンを齧っていた。野田畑谷で土壌動物調査をしているとクマが周囲を廻るので、ナタを身近なところへ置いているといっていた。

そんな時、長治谷小屋からの有線電話で、トイレが貯まっている、汲み取ってくれという要請の電話が

壊れた長治谷小屋

事務室にあった。研究に来ている学生にできるだけの支援をするのが使命であるのだが、そのためには何人かの職員を肥汲みに行かせないといけない。私自身、宿舎の肥は一斗缶に詰め、天秤棒で畑の隅に掘った穴に埋めていた。その後、事務所・学生宿舎にバキュームカーが来るようになり、我が家のものもこれに頼んだ。

この電話のあと、事務室から、もう学生に長治谷小屋を使わせないと通告してくれといわれた。職員にしても肥汲みに行かされるのは楽しい仕事ではなかったろう。許可をしていたのは私なのだから、私から使用中止を伝えるしかなかった。不自由な環境でも楽しく研究している大学院生たちの気持ちを考えれば、この通告は酷だと思った。

そこで私がとった行動は「小屋を使いたかったら、近くに穴を掘って肥え汲みをしてくれ」というものであった。誇り高い京大大学院生にとってこんな屈辱にはとても耐えられないかもしれない。どんな非難がくるのかと少々気にしたのだが、院生たちは自分たちで肥汲みをしたのである。彼らにとっても、そんな経験は初めてのことだったろう。今でもあの時の屈辱は忘れないと思っているのではと気になることだが、屈辱に耐え、のちに皆さん国立大学の教授になった。天秤棒の両袖に肥たごをつけ、肥を運ぶ写真、記念に撮っていないだろうか。

2000年3月のこと、朽木生杉から入った登山者から長治谷小屋が壊れていると連絡が入った。「コ」の字形の造りの角に負荷がかかり、雪で引きちぎられていたのである。長年の使用に耐えていたのだが、老朽化が進み使う人も少なくなっていた。当時、私は京都大学全体の演習林長であった。何度も泊っている思い出深い小屋なだけに改築したいと思ったが、芦生演習林では実習棟の新築を長年申請していて、長治谷小屋の改築まではとても無理といわれ、ついに廃棄が決まった。土台まできれいになくなり、今では広い芝生地になっている。芝刈りは、シカがやってくれている。

5　キノコの宝庫

毎年夏に、長治谷小屋にキノコ研究者の京大農学部の浜田稔先生、滋賀大学教育学部の本郷次雄先生を中心に20人近い日本菌学会関西談話会の会員が数日間合宿してキノコの調査をしていた。ランプの時代である。自炊もたいへんであっただろうが、この合宿を楽しんでおられたようである。私は会員ではなかったのでいっしょに泊まったことはないが、彼らはいくつかのグループに分かれ、キノコを採集していた。みんな採集したキノコが崩れないように金網製の籠をもっていた。こんなスタイルの人たちに山で何度か出会った。室内では顕微鏡を覗き、スケッチしていた。時に、夜になっても参加者が帰ってこず探し回るという行方不明事件もあった。ケヤキ峠を越えた下谷最上流のオホノ谷、ノリコの滝の上に、平屋建ての

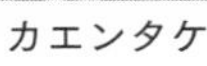

カエンタケ

ベニテングタケ

オホノ谷作業所が新設されており、私たちはケヤキ荘と呼んでいた。土居祥兌さん（当時京大大学院生、のち国立科学博物館）はよくこの小屋へ一人で泊まっていた。

このキノコ調査の成果は本郷次雄さん・土居祥兌さんによってまとめられ、「京都大学芦生演習林の菌類」として『日本菌学会会報』8巻2号（1967）に掲載されている。この時点で283種ものキノコが確認され、三国峠で採集されたチャモエギタケは新種だったようだ。調査範囲は長治谷から上谷、枕谷から三国峠までの演習林の一部だけ、演習林全域ではもっと多いはずだと強調されている。この当時の歩道は中山で対岸の左岸へ渡りドイツトウヒ林の中を通っていたのだが、この暗い林内はシロヤマタケ、ヒカゲクロトマヤタケなどアセタケ類をはじめ、サクラタケ、ヌナワタケ、アシナガタケ、アシボソクリタケ、アシボソノボリリュウなどが発生する好適な採集地だと述べられている。

この報告の中で、マツタケは直接確認できなかったが、演習林の話では確かに発生するというので、リストに加えたとしている。三国峠山頂にもアカマツ林があるので、あるいはここでも発生したのかも知れない。

マツタケが確実にでるという場所は七瀬の尾根であった。須後からは遠いところ、一日がかりの行程であった。「マツタケが出ている時期だ、採りに行こう」と誘われたことがある。もちろん、かつて採ったことのある経験者からだ。みんな場所を知っている。抜け駆けしないように予告しての行動であった。七瀬からおそらく天狗峠の尾根に上がったのだろうが、アカマツ林はあってもマツタケは一つもみつからなかった。時間を置いてもう一度行ってみようと誘われなかったので、おそらく、可能性は少ないと誰も行かなかったのだろう。

このリストには猛毒とされるカエンタケはないが、最近は少し注意すれば見られる。カシノナガキクイムシによるナラ枯れでたくさんミズナラ・コナラの大木が枯れたが、この根元にみつかる。

6　救助を求める

大学院生時代、昭和39（1964）年だったろうか、タイで土壌動物を共同研究し、その後、国費留学生として来日したパイラットさんを加え、数人で調査のため長治谷小屋へ泊まっていたときのこと。学生実習の通行のため道刈りを請け負っていた朽木・生杉の中川春吉さん、中川栄さん、中根正三さんの三人組のひとり、中川春吉さんが本流岩谷近くで柄鎌（ナタ鎌）をもったまま転び、太腿を大きく傷つけた。柄鎌はナギナタのようによく切れる。持ち運びの際は刃を縄で巻いておかないと危ない。下刈り実習では学生にもこれを一つずつ持たせたが、取り扱いに注意するよう何度も指導した。

夕食の準備にとりからないといけない時間であったが、助けてくれというので、備え付けの担架を持って走った。その前に、救助を演習林事務室に有線で要請した。モールス信号のように、ガリガリガリと長く続ければ事務所、ガリ、ガリガリと、短く1回、そのあと長くまわせば長治谷小屋に通じる。受話器の傍に符号が書かれていた。受話器をとれば話が盗聴できたし、割り込んで話をすることもできた。その頃、林道は下谷・上谷の出合まで延長されていた。

春吉さんは大きな人だった。ズボンが血で真っ赤、縛った手ぬぐいも真っ赤に染まり、苦しそうにうめいていた。担架は2本の棒でできているので、道が広ければ4人で運べるのだが、谷沿いの歩道は狭く、アップダウンがある。前一人、後ろ一人しかもてない。一列になり、頻繁に交代するしかなかった。上りでは後ろの人に全体重がかかる、下りでは前の人に体重がかかる。自分の足元も確保できていないのに、急に後ろから押されて転びそうになる。大声で状況を叫びながら交代を繰り返した。夕方ではあったが、出合に演習林の車が来てくれていた。その後春吉さんは無事退院できたと聞いた。

つい最近、生杉に行ったおり、栄さんを訪ね、このときのことや昔の中山神社の例祭の話をした。春吉さんと正三さんはすでに鬼籍に入られていた。

逆に私たちが演習林に救助を求める事態を起してしまったこともある。昭和40（1965）年の冬だったろうか。岩坪五郎さん（当時京大助手、のち京大教授）の長治谷での雪の調査に私を含め院生3人で調査補助として同行したことがある。雪を掘ると、積もった雪が押されてできたいくつかの層になっている。その層の厚さなど記録するのだ。スキーにシールをつけて三国峠へも登った。その日は快晴で琵琶湖、伊吹山、比良山がよく見えた。山スキーが上手な3人は、下りはシールを外して木々の間をすり抜ける。しかし、リュックを背負っているので転ぶと起き上がるのがたいへんだった。転ぶと皆から遅れてしまうので、私はシールを外さないで、斜距離を長くとって下った。

そんな調査の最中、岩坪さんが転び骨折した。動けない、とても歩けないという。演習林に救助を要請

雪の三国峠

しようとしたが、有線電話が通じない。どこかで断線したようだ。次の日の朝、スキーの上手な安藤辰夫（のち、岐阜大教授）さんと私の二人で救助要請に向かうことになった。オホノ谷のケヤキ荘で電話が通じればいいが、ここでも不通なら、須後まで行かないといけない。1日では往復はできない。須後での宿泊を覚悟してでかけた。

ケヤキ荘に入り、有線電話の受話器をガリガリと回すと事務所に通じた。救助に来てくれるのは次の日だろうと思っていたが、その日の夕方に数人の演習林職員が到着した。スキーではなくカンジキであった。「すぐに出発する、生杉に車を回してある、生杉に下りる」という。大慌てで荷物を片付け、リュックを背負った。スキーを置いてスキー靴での歩きになった。担架の前、後ろに2人ずつ、雪の中を交代しながら、地蔵峠を越え、生杉へ下った。

まだ林道はなく、雪に埋まった歩道を進んだ。後ろについているとき、前の人の踏み跡を踏んだ。前に人には持ちこたえたのに、私が踏むとぐしゃっと崩れ、担架を落としそうになった。ガクンと衝撃が伝わり、担架の上の岩坪さんが、「痛い」と大声をあげた。救援の演習林の職員に「なにしとんじゃ、馬鹿やろう」と怒鳴られた。

その後、真っ暗な中を演習林の車でサバ街道の花折峠を越えたのは覚えている。岩坪さんには「あのときは痛かった」と今でもいわれる。しかし、私たち4人に加えて、演習林から少なくとも4、5人は救助に来てくれている。生杉には2台の車が来てくれたはずだが、今となっては記憶が曖昧だ。長治谷からはスキーでなくスキー靴か登山靴で帰ったはずだが、スキーはどうしたのだろう。雪解け後、回収に行った覚えがない。もう60年近い、昔の出来事である。

Ⅳ　学生実習

1 樹木・造林実習

昭和36（1961）年に初めて芦生に来た5月には須後の宿舎はランプだったが、7月の実習ではすでに関西電力の電気が来ていた。ランプと電灯の差は大きい。林学科の学生は伝統的に七つ道具、すなわち腰に鉈をぶら下げ、剪定ばさみ、方位・傾斜角を測るクリノメーター、それに『樹木概要』、直径から円面積、円周換算表、斜距離換算表などさまざまな記載のある『森林家必携』を持っていた。それを一澤製の特注のカバンに入れていた。鉈は四手井教授愛用の秋田・五城目の鉈を注文していたが、私は高知土佐山田の細身の鉈を使っていた。

昭和36年当時、林学科3回生必須の樹木実習と造林学実習が7月初めにあった。期間は1週間である。私たち大学院生は背中に大きな布袋を一人ひとつ背負い、出てくる樹木を剪定ばさみで30㎝ほどに切りそれを袋に入れる。白い木綿袋がぱんぱんにふくらむので、大国さまといっていた。小屋へ戻ると20種類20本を紐で縛り、学生の人数分を用意する。学生はこれを一束とり、夕食までに教官の前で樹木名をいうのである。

毎日、ちがったルートを歩きながら、樹木の名前を覚えさせられ、夕方には試験となる。興味のある学生はすぐにほとんどの樹木名が答えられるようになるが、中にはまったく弱い学生もいる。クリとミズナラを見ても「どこがちがうのですか」という。樹木の同定には得意・不得意があった。私たち院生は学部生の後ろについて歩くのだが、毎年来ているので学生たちが見ていない樹木のありかを知っている。これらを混ぜ、満点をとれないように意地悪をしていた。林学科の学生が樹木をよく知っているのはこの実習の成果である。

実習では、当初は地下足袋にゲートル姿であった。四手井教授や指導の先生方、先輩は素早く上手にゲートルを巻いていたが、私のゲートルは歩くとすぐに緩んで、昼には巻きなおしていた。そのうち、膝までこはぜのついた脚絆がでたので、これに換えた。足元は地下足袋・脚絆姿だった。谷の水には弱かったものの、若かったせいもあり、これで快調に山歩きをしていた。

2 生玉子

昭和41年、助手として芦生演習林へ赴任後は学生実習の準備をするのも仕事だった。先生や学生たちは京都バスで鞍馬、花背を通って、終点、広河原へ来るので、迎えに行く。広河原から佐々里峠まで歩き、小野村割岳の尾根を越え、廃村灰野へ下り、由良川沿いに下って演習林事務所のある須後へ着く。その後、佐々里峠の林道ができてからは佐々里まで歩いてもらい、トラックで迎えに行く。次の日は横山峠を越え、ヒツクラ谷を遡行し福井県境の杉尾峠から長治谷へ、その次の日は長治谷から本流沿いに下り、大谷、七瀬、小ヨモギを経て須後へ戻る。現在では考えられない距離、しかもきつい谷を歩かせている。学生はもとより先生方も元気だったということだろう。

学生を通す前に、道刈りといってネマガリダケなど通行の邪魔になる樹木を柄鎌で刈り、危険なところにはロープを張るなど安全確認をした。この作業は生杉の中根正三、中川栄、中川春吉さんらに委託していたので、作業終了後、検収として私が確認に行った。他の作業でもよくこの三人に同行したのだが、お昼になると必ず火を焚いてお茶を沸かしていた。箸はその都度鉈で作っていた。

実習での朝ごはんは味噌汁と生玉子だった。しかし、玉子は直接ご飯の上で割らず、必ず別のお椀の上で割るようにしていた。時々、腐った玉子が入っていたのである。腐った玉子に当ったものには代わりの玉子が与えられた。今の学生には信じられないことだろう。冷蔵庫のない時代、こんなこともあったのだ。樹木・造林実習では教員・大学院生のほか20名以上の学部生がいた。途中から参加する学生、途中で帰る学生もいる。炊事のおばさんに朝食・弁当と夕食の数を伝えておく。余ったときは誰かが食べてくれるのだが、時に足りないことがあり、怒られた。食事はみんな揃って食べる。先生方（当時は教官と呼んでいた）も献立はまったくいっしょだ。先生だから一品多いということはなかった。

須後の学生宿舎での宿泊ではキャンプファイアーが恒例であった。捕まえたマムシの皮を剥くと、ぴくぴくと心臓が動いている。「食べる人」というと必ず勇気のある何人かが手をあげた。心臓や肝を食べた学生が夜に鼻血をだしたこともある。心理的なものだったのか、実際にマムシの効用があったのか、今でもわからないでいる。マムシよりもっと簡単に捕れたのがアカハライモリである。火の中に放り込み真っ黒になったものを惚れ薬だといって食べていた。私も止めなかった。若気の至りだが、大きな問題は起らなかった。しかし、自分で食べて何の効果があるのかは知らない。

ある時、芦生山の家に、当時武庫川女子大学におられた、メタセコイアの発見者である三木茂先生が女子学生を連れて実習に来たことがある。女子学生たちにキャンプファイアーに参加しておいでと誘った。学生同士、大いに盛り上がったらしい。私は山の家で三木先生と話をしていた。

森林作業の標準工程では1人あたり1日３００本の苗木を植えて一人前といわれた。背中に３００本の苗木を背負い、山へ登って植えるのである。学生にとっては初めての実習なので1人50本のスギ苗木を準備し、人数分のクワを揃えた。造林実習ではトラックに学生を満載し植栽予定地へ運び、指導教官が植え方を指導する。学生は苗木とクワを受け取り、植栽地へ散らばっていく。午後4時にトラックが学生を回収に来るので、3時半に作業を急ぐように伝えた。

数日後、活着したかなと見に行くと、数本を一つの穴に植えてあったり、ひどいものは苗木を数個の石ではさんでいるだけのものもあった。翌日、クワをもっていき、植えなおしておいた。1人50本は多すぎたのであろう。その後は本数を減らした。下谷の二ノ谷あたりのスギ林が学生自習で植えたところだ。現在、スギは大きく育っているが、除伐・間伐がされていないし、クマハギにもあって、ちょっと残念な状態になっている。

芦生に山菜加工場ができてからは、実習作業終了と同時に、谷にたくさんあったフキ採りをさせた。これを山菜加工場にもって行き、何本かのビールと交換してもらったのである。3回生が主なので、未成年者もいたであろうが、おいしい1杯だったはずだ。悪いことを教えたのかもしれないが、このフキ採りは先生方も黙ってみておられた。

赴任した昭和41（1966）年の8月だったろうか、大学生5人、高校生5人を10日間、研究調査で雇用するチャンスがあった。大学生は林学科の3回生、高校生は地元出身の北桑田高校生であった。大学生の仕事は芦生演習林長の和田茂彦助教授に、高校生の仕事は私に考えるようにとのことであった。

夏の暑い時期である、それも研究調査なので、下刈りなど筋肉労働はさせられない。高校生にはクマハギ被害地の調査や土壌動物調査の手伝いをしてもらった。高校生たちはお昼の弁当を食べると木陰の涼しいところでいっせいに深い眠りにつく。落ち葉の上にそのままごろんだ。ラッキーだったのか当時は少なかったのか、ヒルやダニに食いつかれた生徒はいなかったと記憶している。ぴくりともしないで眠っている若者を起こす勇気はなく、起きてくるのを待ったが、ときには私も同じ睡魔に襲われた。

食事は賄いだったので、大学生も高校生も演習林職員といっしょだ。職員や大学生はこのあとはマージャンになる。高校生たちには一部屋が与えられていた。夕食が終わると、みんな部屋に引き上げる。ある夜、次の日の予定を伝えるため、高校生の部屋へ行ったときのこと。襖をあけると、5人が一升瓶を抱え、湯呑みで酒を飲んでいる。びっくりして、「高校生が酒を呑んでもいいんか」と注意すると、「小学校のときから親父の晩酌に付き合わされて呑んでいます」という。いくら努力しても下戸から抜け出せなかった私は声もでなかった。その時のリーダーが現在、山の家の館長を務める今井崇さんである。

3 女子学生の登場

昭和41（1966）年、林学科に初めて、それも3人そろって女子学生が入学してきた。芦生の実習は3回生のとき行うので、彼女らが芦生に来たのは昭和44（1968）年7月のことだった。実習での女子学生対応を考えてくれといわれた。宿泊は須後だけ、長治谷は日帰りであった。部屋は3人いっしょで、院生部屋を一つ明け渡した。風呂は時間制にした。問題はトイレだったが、女子専用をつくる余裕はない。女子学生には奥の教官室のトイレを使うようにいったのだが、遠慮したかもしれない。しかし、この3人はみんなタフであった。男子学生の何人かは、いつも女子学生の近くで何かと世話をしていた。私はこれを親衛隊と呼んでいた。

ともかく、7月に入ると、樹木・造林実習、計測・経理実習、林道設計・運材実習と続く。もちろん休日はない。前の実習が終わり指導の先生方が帰ると、次の実習の先生が来て、夕食をいっしょにする。洗濯機はまだなかったと記憶しているが、あっても洗濯する時間はなかった。荷物はキスリングでもってきているだけ、何着もの着替えの用意はしていなかったはずだ。着の身着のまま、お互い汗臭いまま過ごした。実習が終わると祇園祭も過ぎ、文字通りの真夏であった。

同じ釜のめしを食べての実習だ。お互いの個性を知り、友情を育てる機会でもあった。林学科出身者の同窓会での思い出話はいつも演習林実習になる。それも長治谷での話が多い。しかし、昭和45（1970）年、長治谷までの林道が完成すると、長治谷小屋が傷んできたこと、炊事がたいへんだったこと、トラックで学生を運べるようになったことで、実習の宿泊は須後になり、長治谷小屋に泊ることはなくなった。

この演習林実習とともに、各研究室では有名林業地の見学もあった。床柱生産で有名な北山杉・北山へもよく行った。私自身も東南アジアからの留学生や森林・林業研究者を案内して、京都北山、吉野川上村の吉野スギ、木曽のヒノキ林、高知魚梁瀬の千本山天然スギ林、屋久島の屋久杉などを見に行った。

見学では腰にナタをつけて行く。見学の途中、スギやヒノキにフジやアケビなどつるが巻きついているとこれを切るのだ。蔓切りといったが、つるがあるかないかでも手入れがされているかどうかがわかった。最近は、国道沿いはもちろん、林道沿いでもスギ・ヒノキの先端で赤紫のヤマフジがきれいに咲いている。フジも明るいところを好むもの、道路沿いの明るいところで発芽し、スギ・ヒノキにからんで先端まで伸びる。つまりその期間、切られなかったということである。中に入ってみなくても、まったく除伐・間伐が行われていないとわかる。

その後、林学科は平成7（1996）年には生産環境学科など3学科に、平成13（2001）年には森林科学科など6学科に改組され、大学院も平成8（1996）年に森林科学専攻になった。演習林も、フィールド科学教育研究センターに改組され、急激に女子学生が多くなった。今では研究林での女性対応は大きく進んでいる。

V 自然の宝庫

1 哺乳類（けもの）

芦生では大きなものではツキノワグマ、イノシシ、シカ、カモシカ、中型のものではキツネ、タヌキ、アナグマ、ニホンザル、ノウサギ、リス、ムササビ、モモンガ、テン、イタチ、小型のものではヒミズ、ジネズミ、カワネズミ、ミズラモグラ、アズマモグラ、コウベモグラ、ホンシュウトガリネズミ、クロホオヒゲコウモリ、コテングコウモリ、キクガシラコウモリ、ヤマネ、カヤネズミ、アカネズミ、ヒメネズミ、スミスネズミなどが確認されているが、このうちミズラモグラ、キクガシラコウモリ、クロホオヒゲコウモリ、コテングコウモリ、ツキノワグマが京都府レッドデータブックで絶滅寸前種、モモンガ、ヤマネが絶滅危惧種、アズマモグラ、ムササビ、スミスネズミ、カヤネズミ、カモシカが準絶滅危惧種とされている。

京都府下では芦生にしか生息・分布しない、あるいは芦生など数カ所でしか確認されていないものがいる。芦生にいなくなれば京都府からは絶滅ということになる。ところが、芦生自然学校を運営されている井栗秀直さんによれば最近、芦生にもハクビシン、アライグマが侵入定着し、捕獲を続けているという。気になる存在である。

タヌキは春先よく死体を見た。村の人はフキを食べすぎて死ぬのだといっていたが、雑食性のタヌキがフキを食べるとは思えなかった。井栗さんによると、そのタヌキが最近激減しているという。ヒゼンダニが皮膚に寄生する疥癬にかかり、毛が抜けているとも聞いた。

芦生を特徴づけるけもの、カモシカ、クロホオヒゲコウモリ、ミズラモグラ、ヤマネについては、その

カモシカ

モモンガ（写真 斎藤侊三）

発見・確認の経過について記録しておきたい。

カモシカ

芦生に赴任してすぐ、ここにカモシカがいると聞いた。当時、近畿地方では鈴鹿山系と大台・大峰山系にしか生息しないとされていた。イワシカ、クラシシ、ウシシカなどと呼ばれるが、シカの仲間でなく、ウシの仲間である。昭和9年、天然記念物に指定されていたが、肉がおいしいとされ、密猟が続き、絶滅の危機にあるとして昭和30（1955）年、地域を定めず特別天然記念物に指定された。この保護政策により、また戦後復興の山地への造林地拡大での開放地・草地の出現によりカモシカが急増し、岐阜県などでは新植地のスギ・ヒノキの食害が問題になり、一部地域ではすぐに駆除さえはじまった。

山林労働者は、シカなどのけものの皮を30㎝ほどに四角く折りたたんだ敷皮と呼ばれるものを腰にぶら下げていた。座るときの座布団代わりである。これなら濡れた丸太や石の上にも腰掛けられる。ほとんどはシカだったが、芦生にもカモシカの敷皮をぶらさげている人がいた。私も芦生でもらったシカの敷皮をうれしがってぶら下げていたが、最近はミンクやキツネの襟巻と同様、どうもはやらないようで、使わなくなった。

カモシカが芦生に生息することを確認したいと思った。足跡や糞からはカモシカにちがいないと思ったが、それだけは証拠として弱い。そんな中、昭和46（1971）年1月、由良川上流の刑部谷で雪の中に横たわるカモシカの死体をみつけた。特別天然記念物である。すぐに京都府文化財保護課に連絡、文化庁に届けをだして頭部を剥製として残した。これでカモシカ生息の証拠は残せた。

同じ年の6月22日の夕方のこと、今度は内杉谷のスギ造林地にカモシカがいるという知らせが入った。カメラをもって走った。1頭は黒っぽく、もう1頭はピンクがかった白に見えた。雄雌だったのか、あるいは親子だったのだろう。このことは1971年6月29日付け京都新聞夕刊に「とらえた幻のカモシカ京都府下初」として報道された。私自身も『動物と自然』1巻10号（1971）に「京都府のカモシカ」として報告した。

演習林内ではこれ以降、急に目撃が増え、登山者からもカモシカを見たという情報が寄せられた。小泉博保『森の仲間たち　京都の野生動物たち』(京都書院、1987）にも研究林内で自動撮影装置によって撮られたカモシカの写真が掲載されている。隣接する京都市左京区の大悲山、花背、八丁平や京都府北部の舞鶴、綾部方面でもカモシカの生息が報告された。この時期、カモシカが急増し、生息域を広げたらしい。

しかし最近は、私自身も土壌動物調査で森の中に一人座り込んでいるのに、まったくカモシカに会っていない。このあたりの植生がオオバアサガラ、イワヒメワラビばかりになってしまい、これらはシカでさえ食べない。とてもカモシカの食べるものではないのだろう。林道を走っていてもシカはよく飛び出してくる。原生林全域がシカに蹂躙され、カモシカの居場所がなくなり数が減っているのではないだろうか。

心配なことである。

二村一男・中島皇・山中典和さんらは演習林内の野生動物の目撃情報を1990年から1996年までの7年間記録しているが、この期間、シカよりカモシカ目撃の方が多い。カモシカは珍しいから報告し、シカは報告しなかった可能性もあるが、私の印象でも当時はカモシカの方が多く、シカの方が少なかった。

クロホオヒゲコウモリ

1972年8月のこと、コウモリ研究者の遠藤公男さんが岩手からわざわざ芦生までコウモリ調査に来られた。夜行性の動物だけに、夜に霞網を仕掛けるのだが、普通なら一夜に20個体くらい捕獲できるのに、数日間の調査でわずか3個体だったそうである。ところが、その3個体がそれぞれクロホオヒゲコウモリ、キクガシラコウモリ、コテングコウモリであった。それまで芦生でのコウモリ調査はなく、これが初記録になるのだが、このクロホオヒゲコウモリは1969年に岩手県和賀町の夏油(げとう)温泉で遠藤さんによって発見され、新種とされたものである。当時、奥羽山脈でのみ捕獲されていて、地域限定種だと考えられていた。それがはるか離れた京都芦生で発見されたのだから遠藤さんも大収穫だと喜んでいた。翼開帳18㎝、体重3gの黒地に白い毛が光る日本最小のコウモリである。

奈良教育大学の前田喜四雄教授によると、本種はその後、奈良県、四国の徳島・愛媛県、九州宮崎県などでも発見され、塒は樹洞だという。もちろん、どこを飛ぶか、どこへ霞網を張るかは経験のいることだろうが、芦生では霞網を張れば確実に捕獲できるという。

奥羽山脈や芦生などブナ林に限って生息するのかと思っていたが、四国や九州に分布することから、もともと照葉樹林のコウモリで、照葉樹林の減少により温帯林へ進出したのだろうと推測されている。いずれにしろ、樹洞のある天然林の存在が必須である。環境省の絶滅危惧ＩＢ、京都府では絶滅寸前種、ＪＵＣＮ（２０００）ではＥＮ（Ｂ１＋２Ｃ）、哺乳動物学会の危急種の指定である。現在でも京都府下で生息が確認されているのは芦生だけらしい。

キクガシラコウモリは鼻が菊の花に似ているのでこの名があるが、京都府下では芦生と瑞穂町（現・京丹波町）の質志洞、京北町（現京都市北区）の新大谷廃坑だけ、コテングコウモリは吻がやや突きだしているのでこの名があるが、京都府下では芦生で捕獲された1個体だけで、京都府絶滅寸前種にランクされている。

ヤマネ

ヤマネは大きな眼をもち、背中に黒い筋があり、尾は扁平でふさふさしている。１科1属1種、日本特産のかわいいけもので、天然記念物に指定されている。１９６８年4月17日、演習林事務所の戸棚からまん丸くなったヤマネがでてきた。こんなところにもぐりこみ冬を越すのだ。

リンゴやピーナッツなどを与えて5月まで飼育したが、芦生にも確実に生息する証拠だと、東京の科学博物館へ郵便で送った。当時宅急便はなかった。無事、生きて着いたと返事が来た。１９７１年1月にも事務所2階の戸棚からヤマネが出てきた。その後も数個体が捕獲されているようだ。１９７３年11月には芦生の民家でもネコがヤマネを咥えてきたと聞いている。

夜行性のけもの、直接見ることはむつかしいようだが、ブナやミズナラに着く着生植物のヤシャビシャクの実を好むとされる。私は高知・徳島県境の四ツ足堂峠で地表に落ちたアケビを食べているヤマネを昼間見たことがある。晩秋、信州上高地の治山事務所の宿泊所へ泊めてもらったとき、押入れからふとんを

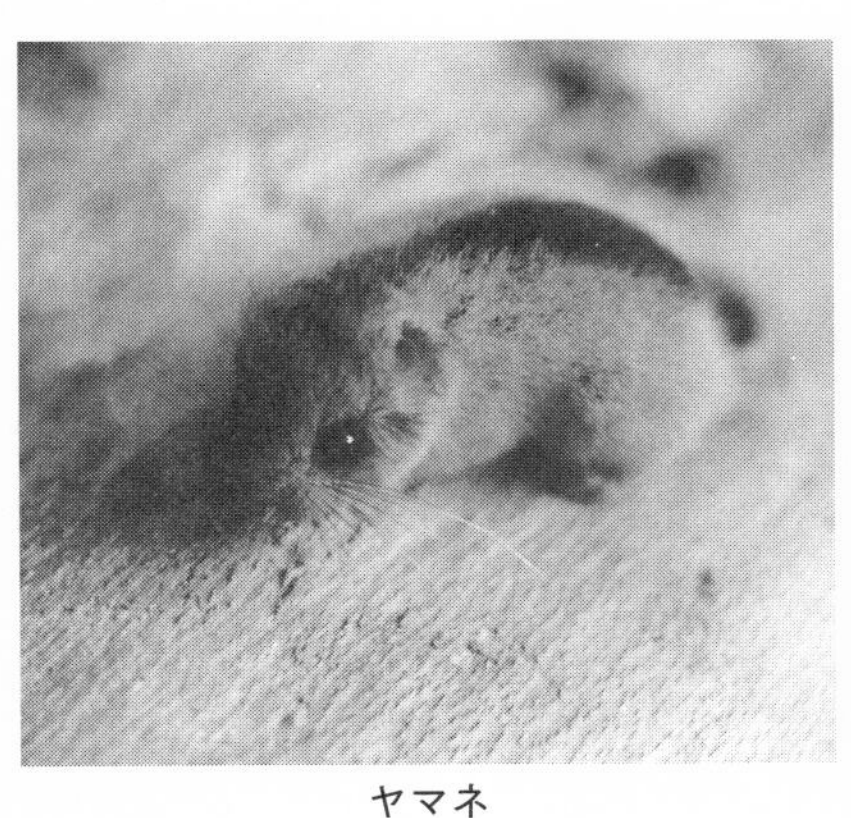

ヤマネ

クロホオヒゲコウモリ（写真 前田喜四雄）

だすと、ヤマネがころっとでてきたこともある。芦生の研究林事務所付近にも巣箱が掛けられたので、これに入っているかもしれないと調べたことがあるが、この時はいなかった。

芦生にヤマネが生息することは『哺乳動物学雑誌』第4巻4号（1969）に「ヤマネの新産地」として報告した。京都府下では比叡山、大見などでもみつかっている。芦生では事務所に入ってくるくらいだから、すぐ近くにいる。環境省の準絶滅危惧種（NT）、京都府の絶滅危惧種である。

ミズラモグラ

ミズラモグラは芦生研究林の上谷で、当時京大総合人間学部におられたキノコ研究者の相良直彦教授によって発見された。キノコ類でもアンモニア菌と呼ばれる地中のスズメバチの巣、モグラの巣などからでてくるキノコ類がある。ナガエノスギタケがここから発生することが知られている。これをみつけて掘っていくとモグラの巣に行き当たり、そこにミズラモグラがいたというのである。ミズラモグラは頭胴長9㎝、体重25g程度、モグラにくらべ少し尾が長いという。

京都府内ではこれまでわずか5個体が確認されているだけが、

そのうち3個体が芦生、あとは京都・大文字山、長岡京市奥海印寺からだけである。これも研究者が少ないことが理由であろう。京都府絶滅寸前種、日本哺乳類学会では希少種に指定されている。このミズラモグラとともに、コウベモグラ、アズマモグラが同地域で捕獲されている。アズマモグラも京都府下では京都市北部と芦生だけである。これも京都府準絶滅危惧種である。

2 猟銃が与えられる

芦生演習林に赴任してすぐ、「これ、あんたのものだ」と猟銃を渡された。工学部で実験に使っていたものが、配置換えになったもので、みんなが持っている銃と違い口径が一回り大きいものだった。「みんな銃を持っているんですか」と聞くと、「みんな持っている」という。職員のほとんどが狩猟免許を持っていた。冗談に、「ここでけんかはできませんね」といった。部屋の壁には猟銃が並んでいたし、机の上には薬莢の並んだガン・ベルトがおいてあった。

当時、積雪期には月1回「害獣駆除の日」があった。クマ剝ぎ被害のひどかった時期で、クマ、イノシシ、シカ、ノウサギなど林業害獣とされるものをみんなで捕りに行くのである。しかし、しょせんは素人ハンターだ。獲物をもって帰ってくることはなかった。たった一度、イノシシの親子7頭を捕ったというので、引っ張りにいった。平らな道路を引っ張ってくるのでなく、雪の斜面を引っ張ってくるのだからたいへんだったが、ボタン肉の分け前があった。

猟銃を持つには免許がいる。狩猟か、クレー射撃競技か、火縄銃のようにイベントのためかだ。京北町周山での狩猟免許講習に3日間出席し、試験を受けた。たぶん、受講者全員合格だった。しかし、講習を

イノシシ捕獲

受けながら、納得できないことがいくつかあった。法律上、撃っていいカモと撃ってはいけないカモがある。しかし、実際にはカモが飛びだしたとき、撃ってもいいカモか撃ってはいけないカモなのかなど、とても判断してはいない。飛びだしたと同時にズドンだ。イタチは猟銃で捕ることは少なく罠猟であったが、オスは捕ってもいいのだがメスは捕ってはいけない、オスだけが入る罠があるのかと思った。当時、シカもメスは捕ってはいけないとされ、試験にもそんな問題がでた。シカでも跳びだしたとき、角があるかどうかなど、とても見ていないだろう。

私に与えられた猟銃の薬莢は一回り大きいので、ほかの人の薬莢は使えない。そのため自分でつくるのだが、薬莢の中に散弾を入れ、万力で上から蓋をきつく締める。暴発が怖くて力を緩めると、「そんなのだめだ、もっときつく締めろ」といわれた。

3　芦生の鳥類

演習林では害獣駆除の許可を受けていたので、猟期外でも撃てたが、対象は林業害獣に限定されていた。せっかく猟銃をもらい、狩猟免許を持ったのだから、芦生の鳥類調査をしようと思った。野鳥に興味を持っておられた職員の二村一男さんと、芦生の鳥類を記録することにした。二人ともまだ野鳥観察の経験は浅い。私たちが確かに見たといっても、そんなものがいるはずがないと認めてもらえないだろう。確かな証拠の写真か標本が必要だったのである。そのため環境庁から調査許可をもらったのだが、実際には銃で捕ったものはわずかであった。

『京都の野鳥』（京都府、１９７４）でも、写真のないものは未確認として観察地・日付が記載されているだけである。誤認もあったものもあろうが、実際にいたのかもしれない。これは別件だが、２０１０年7月5日、和歌山県紀淡海峡にある友が島へ行ったときのこと。眼の前をハトがちょこちょこ歩く。キジバトでもドバトでもない。日本にはハトの仲間は少ない。手に持っていたデジカメで撮った。調べてみると東南アジアにいるベニバトで稀に迷鳥として記録されているものだと知った。私が見たというだけでは信じてもらえないだろうが、証拠の写真がある。和歌山野鳥の会へこの写真を送ったら、和歌山県で2例目ですと返事が来た。

舞鶴湾冠島を繁殖地とするオオミズナギドリは芦生でも秋によく落下したが、天然記念物なので周山の京北事務所へ届けた。芦生ではハギマシコ、ベニマシコ、キバシリ、ゴジュウカラ、サンコウチョウ、ブッポウソウ、ヤマセミ、クマタカ、イカルチドリなど82種を記録し、鳥類にとっても原生林が重要な意味をもつと指摘した（渡辺弘之・二村一男：芦生演習林の鳥類相　京都大学農学部付属演習林報告42、１９７１）。どこにでもいると思われるスズメは積雪期に数羽みられたが、いつも数日の滞在で消えた。

『京都府の野鳥（京都府の野生動物）』（京都府、１９７４）では芦生の鳥類は１０１種とされ、その後、二村一男さんによって26種が追加され、１０８種となった（二村一男：芦生演習林の鳥類相の季節変化　京大演習林集報19、１９８９）さ

ベニバト

ヤツガシラ（写真 深瀬伸夫）

らに梶田学さんらのバンディングでの調査でベニヒワ、オオマシコ、ヤマヒバリなどが確認され、115種が記録されている（渡辺弘之『芦生原生林生物誌』）。時々見ていたクマタカとはちがうと、私が長治谷で撮った写真を専門家に見てもらうと、まちがいなくイヌワシだと判定された。稀にイヌワシも飛来するようだ。イヌワシの羽根を拾った方もいる。かつて内杉谷には一番いのヤマセミがいて、堰堤横のカーブの土のでた斜面に横穴を掘って巣をつくっていた。

驚いたのは、深瀬伸介さんによってヤツガシラの写真が撮られ、1976年6月にはヤイロチョウが観察されていることだ。四万十川流域など暖地に飛来・営巣すると思われていたヤイロチョウが芦生にまで来ているのである。その後、丹後半島太鼓山や舞鶴市大浦半島でもみつかっているらしい。幼鳥への餌はミミズであることがわかっている。しかし、芦生での営巣はまだ確認されていないようだ。二村一男さんの報告によれば、現在、120種の生息・飛来が確認されている。

この調査（1970年）当時、5、6月の夜になると、ヨタカ、ジュウイチ、ホトトギス、ツツドリ、トラツグミ、コノハズクなどの声がよく聞けたのだが、最近、この時期に山の家に泊っても、ほとんどこれら野鳥の声を聞けない。野鳥にとっても芦生の植生の変化で住みにくくになっているのかも知れないし、夏鳥にとっての帰省先である東南アジアの森がなくなっていることが影響しているのかも知れない。

この報告書では幅50mの線センサスで種数・個体数を池ノ谷～長治谷、長治谷～杉尾峠、杉尾峠～横山峠間で調べている。同時期に再調査すれば、その変化がはっきり示せる（渡辺弘之・二村一男：芦生演習林の鳥類相　京都大学農学部付属演習林報告42、1971）。

4 カミキリムシ

私は高校で生物部に入って昆虫少年になった。中でもカミキリムシが好きになった。学生時代、日本のカミキリムシを2種増やしている。1958年夏、北海道帯広営林局へアルバイトに行った。当時、林学科の学生には1カ月単位で営林署のアルバイトがあった。配置されたのは足寄営林署だった。早朝、仕事前に貯木場のトドマツやエゾマツの丸太に来るヒゲナガカミキリなど、初めて見るカミキリムシを夢中で採集していた。そこに小さなトラカミキリが現れた。一目見て、これは図鑑に載ってないと思った。バイトの期間が終わり、そのカミキリムシを持ってカミキリムシ分類の大阪城南女子短期大学の林匡夫教授に見せに行った。新種かもといってくれたが、その後、ロシア沿海州に分布するムネモンチャイロトラカミキリだと同定された。日本未記録種であった。本種は今でも北海道釧路・根室地域でしか採集されていない希少種である。

1961年5月、沖縄本島北部、ヤンバルの琉球大学与那演習林へ採集に行った。そこに本州なら、それもやや高地に普通にいるヨツスジハナカミキリがいた。寒地性のもので、沖縄にいるはずのないものであった。これもオキナワヨツスジハナカミキリとしてアマミヨツスジハナカミキリの沖縄新亜種となった。種小名にwatanabeiと私の名が残っている。

芦生演習林へ赴任してすぐのこと、当時は宿舎近くに貯木場（土場）が作られ、夏にはブナ・ミズナラなどの大木が山のように積まれていた。ここで大型トラックに積み替えたのである。丸太にはヒナチドリ、ツリシュスラン、ヤシャビシャクなどの着生植物がたくさん着いていた。いずれも、木に登らないと見られない貴重種である。

毎日のように入れ替わる丸太に、カミキリムシの中では最もきれいなルリボシカミキリがいた。『京都大学演習林報告37』(1965)に「芦生演習林のカミキリムシ」としてベニバハナカミキリ、クロスジハナカミキリ、ムネマダラトラカミキリなど85種の分布することを報告した。これがカミキリムシ愛好家に注目され、関東からも次々と採集に来た。朝早く、貯木場へ行くと、もう人の気配があった。発生生物学者でのちに文化勲章を受けた京大理学部教授の岡田節人、武市雅俊さんや、京大化学研究所の倉田道夫教授だった。

『京都府の野生生物』(京都府公害対策室、1974)では岡田節人・渡辺弘之「京大芦生演習林におけるカミキリムシ類」として160種を掲載した。その後、畑山武一郎さん、水野弘造さんなど、芦生に採集に訪れた方の採集データをいただき、整理したら、178種にもなった。これを『演習林集報11』(1976)で「芦生演習林のカミキリムシ」として報告した。もちろん、私自身が採集していないものがいくつもある。

アサカミキリは1951年5月に岸井尚さんによって芦生のアザミで採集されたとされるが、その後、京都府内からは記録がなく絶滅種とされている。カミキリムシ愛好者が次々と訪れたことで、芦生から2種の新種が誕生している。フトキクスイモドキカミキリとシラユキヒメハナカミキリ(ウスヨコモンヒメハナカミキリ)である。リストにこの2種を付け加えないといけない。

芦生という1地点での記録であるが、カミキリムシでもたくさんの希少種がいる。しかし現在、採集に来ても残念ながらほとんど成果はないであろう。当時、伐採が続けられ、貯木場があったことが大きな理由だ。現在、天然林の伐採は行われていない。カミキリムシでも種ごとに産卵する樹木、成虫が葉を齧る

ルリボシカミキリ

後食樹種が決まっている。多様な樹種が伐採され、その切り株や枝が残されたことで、多様なカミキリムシが発生していたのである。稀な種がいくつも採集されているが、伐採を知って急に遠くから飛んできたとも思えない。この林内で細々と発生を繰り返していたのだろうか、不思議なことだ。

演習林の学生宿舎の入口に一本のサワフタギがあって、この花が咲くとたくさんのハナカミキリがやってきた。オダヒゲナガコバネカミキリ、キンケトラカミキリ、ヨコヤマトラカミキリなどの珍種も飛来した。１９６９年5月21日、早朝４時から夜８時まで連続して温度、湿度、照度、風力などを記録しながら、飛来するカミキリムシを記録したことがある。セスジヒメハナカミキリ、チャイロヒメハナカミキリなど小型のヒメハナカミキリを主に２６３個体が飛来したが、飛来には午前9時～12時と午後3時30分～5時30分の2回のピークがあった。大型のヤツボシハナカミキリなどの飛来は少し遅れて昼近くであった。

5　豊富な植物相

何度も述べるが、当時の演習林は基本的には財産林としてのものであった。収益を上げる財産林としてであり、自然の豊かさを認めての設定ではなかった。しかし、演習林設定後、ここの植物相の豊かさが明らかにされる。岡本省吾は『京都大学演習林報告』第1号（昭和5年）に「芦生演習林樹木誌」として210種の樹木の自生を報告、さらに昭和16年『演習林』第13号に238種の樹木、シダ植物85種、双子葉植物350種、単子葉植物164種、837種の分布を報告した。

林学科の芦生での樹木実習の担当は岡本省吾先生だったので、毎年、新しく見つかった種を加えた『芦生の植物』という小冊子が学生にも手渡された。これをもとに私たちがその後確認したニッコウキスゲ、シュンラン、ヤマブキなどを加え、さらに、京都府立植物園の中川盛四郎さんの記録を加え、『増補版京都の秘境・芦生』（1951）では882種だとした。京都大学総合博物館の安田佐知子さん、永益英敏さんは、博物館に保存されている標本を調べて801種、7亜種、12型だとした。標本があっての判断である。「Yasuda, S. & H. Nagamasu「Flora of Ashiu, Japan」(Cont, Biolo. Lab., Kyoto Univ., Vol.28, No.4, 1995)」

芦生の自然の豊かさが一般に認識されるのは京都大学農学部附属演習林となって調査・研究が進んでからのことである。この芦生の植物相の豊かさをより有名にしてくれたのは当時東京大学理学部教授で戦時中はインドネシア、ジャワのボゴール（当時はボイテンゾルグ）植物園長、戦後は科学博物館長を歴任した中井猛之進博士である。昭和16（1941）年『植物研究雑誌』17巻に「植物ヲ学ブ者ハ一度ハ京大芦

アシウテンナンショウ

生演習林ヲ見ルベシ」というタイトルで芦生演習林での植物採集視察記を書いている。実際に芦生に滞在されたのは3日間である。この中でスギを変種アシウスギ（*var. radicans*）と命名記載されている。

アシウスギの記載で採集地をAshioとしているので、植物図鑑などで和名をアシオスギとしていることもある。それはともかく、著名な植物学者が、植物を学ぶ者は一度は芦生演習林へ行ってこい、行くべきだというのだから愉快だ。

また、長く亀岡市の大本教花明山植物長を務められ、京都の植物を詳しく調べた竹内敬さんも『京都府草木誌』（1962）の中で京都府下ではここ芦生でしか見られない植物がたくさんあると述べている。その後、これまでカガノアザミとされていたものが、アシウアザミ（*Cirsium ashiuense*）として植物分類地理分類研究に新種記載された。アシウの名を持つ植物はアシウスギ、アシウテンナンショウとアシウアザミの3種だろうが、アシウの名をもつ植物があることはうれしい。

京都府立植物園に、生態園として日本の自生植物が植えられ、狭いものの天然林がつくられている。温帯林のブナなどの樹木は1967年当時、植物園長の麓次郎さんや長村祐次さんらが何度も芦生に来られ、稚樹を運び造成したものだ。

芦生には分布の西限とされるゼンテイカ（ニッコウキスゲ）のほか、モミジチャルメルソウ、ツリシュスラン、アカモノ、オヒョウ、オオバキスミレ、エンコウソウ、リュウキンカ、チョウジギク、サイインシロカネソウ、ショウキラン、オニノヤガラ、ツチアケビなどが分布している。2020年にも、フガクスズムシソウが発見されている。しかし、シカによる食害はひどく、これら貴重な植物についても、かつてはあった、といいなおさなければならない事態になっている。

6 芦生を基産地とする動植物

植物相とともに芦生の自然の豊かさ、多様性を示すのが動物相である。動物で芦生を基産地（原産地）（Type locality）とするもの、すなわち、芦生から新種として記載されたものにどんなものがあるかを記録した。新種として記載するとき、新種の学名の基準になる標本をタイプ標本というが、基準になる単一の標本を正模式（基準）標本（Holotype）といい、正模式標本とちがう性の標本を別模式標本（Allotype）という。一つを正模式標本に指定した場合、残りの標本は副模式（従基準）標本（Paratype）とされる。さらに新種記載時に命名者が複数の標本を使用し正模式標本を指定しなかった場合、そのすべてを等価基準標本（Syntype）という。タイプ標本とされるものも、このように区別される。

芦生から新種として記載された標本にも正模式標本、別模式標本、副模式標本、等価基準標本があるということになるが、いずれも貴重な標本であり、博物館などで大切に保管されている。

しかし、このリストづくりには時間がかかった。演習林（研究林）で調査・研究し、その成果を公表したとき、報告書を提出することになっている。それが数年ごとに、研究業績目録として発行されている。昆虫などの場合、同定は簡単でないものが多く、専門家が限られているので、標本はそこに留め置かれる。新種発表の場合も、1種でなく、数種を一緒に記載される場合が多い。そんな場合、リプリントが送られて来ることは少なかったようだ。私自身、甲虫学会などに入会して、それらの雑誌に目を通し、たくさんの新種記載論文の中に、「採集地：芦生」というのをみつけ、それを記録していたのである。

芦生から新種記載された種のリストをつくり、これ以外に芦生から新種記載されたものはないか、どなたかほかに新種記載された方を知らないかと、作ったリストを関係者に何度か送った。あの人が記載した新種に芦生からのものがあったといった情報を得て、やっと全貌がつかめたといえる。私にしても50年かかった作業であった。

和名は一般にカタカナ表記だが、芦生の表記も古いものではアシフ、最近でもアシウ、アシュウ、英文でもAshifu, Ashu, Ashiu, Asiuなどがある。

この結果、クモ類でアシュウヤミサラグモなど16種、甲殻類（ワラジムシ）目にニホンチビヒメフナムシとアシュウハヤシワラジムシの2種、ダニ目にアシウタマゴダニ、キレコミリキシダニの2種、昆虫類では膜翅（ハチ）目ハバチ科にクチナガハバチ、鞘翅（コウチュウ）目のコメツキムシ科にアシウアカコメツキなど11種、ホソカタムシ科にオカダユミセスジホソカタムシ、カミキリムシ科にフトキクスイモドキカミキリ、シラユキヒメハナカミキリの2種、ハナノミ科にヒラサンヒメハナノミ、ベニボタル科にツヤバネベニボタル、ジョウカイボン科にクビボソジョウカイの1種とマツナガジョウカイ、ツツキノコムシ科にアシュウナガツツキノコムシなど3種、ハネカクシ科に1種、キクイムシ科にアシュウキクイムシとアシュウザイノキクイムシの2種、双翅（ハエ）目ユスリカ科にヤマヒメユスリカ、クチキバエ科にケナガクチキバエ、ヤマトクチキバエの2種、ハモグリバエ科にツルリンドウハモグリバエ、イヌツゲハモグリバエの2種、タマバエ科にブナホソトガリタマバエ、ブナハスジトガリタマバエの2種、シマバエ科に1種が新種記載されていることを確認した。

芦生のように、1地点で、クモ、甲殻類、昆虫類の新種が58種もが発見されているところはないであろう。芦生の自然が豊かであることは、ここが京都大学演習（研究）林として保護され、研究者によく利用・調査されてきたということである。このことによって自然の豊かさが認められ、さらに高められたといっていい。ハラアカトゲバコメツキダマシは屋久島で採集され新種記載されていたものだが、これが2020年8月、ブナノキ峠で採集された。本種の2個体目の記録だが、それも屋久島と芦生である。

7 未解決で残ったこと

ツチノコ

ツチノコの話は北海道を除き全国どこにでもあるようだ。大きさはビール瓶くらい、細いしっぽがあり動くときはゴロゴロと転がるともいわれる。私自身、一時、ツチノコも含め北海道屈斜路湖のクッシー、鹿児島大隅半島の池田湖のイッシー、広島県比婆のヒバゴンなどいわゆる未確認動物に興味を持ち、資料を集めていた。ツチノコブームの当時の新聞報道では横に数mほど跳ぶことができるとか、眠ると大きないびきをかくというものさえあった。咬まれて即死した人がいるともいわれていた。

ツチノコは芦生でも目撃情報がある。ツチノコにはバチヘビ、テンコロ、ノズチ、ゴハッスンなどたくさんの方言があるようだが、芦生ではヨゴズチと呼んでいた。ヒツクラ谷の奥で見たとか、動くときは玉のようになってものすごく早く動くとか、毒をもっているとかいっていた。ある家の屋敷内にもでて、その家は跡取りもなく没落したといった話もあった。芦生ではツチノコはどうも凶のイメージでとらえられているようだった。ともかく、ツチノコ目撃例のあるところに住んでいるのである。ツチノコが何者か、私が解決してやるとちょっと本気で思っていた。

斐太猪之介『山がたり』（文芸春秋社、１９６７）に奈良・吉野の神社にあったツチノコの骨だという写真がある。生存の証拠かと思ったのだが、通勤電車の中で魚の分類学の教授に会い、その写真を見せたら、「胸骨が発達しています、哺乳類の骨ですね、大きさからイタチでしょうか、ツチノコが爬虫類だとしたら、これはツチノコではありませんよ」といわれた。

京都の渓流釣り同好会・ノータリンクラブの山本素石さんに会ったことがある。北山での渓流釣りの最中にツチノコを見たという人である。話しても誰も信じてくれないので自分で捕まえるとむきになっていた。山本さんが描いた絵をもらったが、眼が大きく、背中にはマムシに似た模様がある。ツチノコは人の髪の毛の焼ける匂いが好きだと、理髪店で髪の毛をもらっているといっていた（山本素石『逃げろツチノコ』山と渓谷社、１９７３）。髪の毛の焼ける匂いははっきりしている。しかし、どうして髪の毛の焼ける匂いが好きとわかったのか、そのとき確かめていない。

京都府林務課に勤める知人からは、彼が担当する山林内で「しょっちゅうツチノコがでてくる。捕まえたら君の所へ送ったらいいのか」といわれた、「ともかく、電話してください」とお願いしたが、その後、まったく電話はなかった。これら未確認動物の話題はしばらく続き、『科学朝日』（１９８８年６月号、通巻

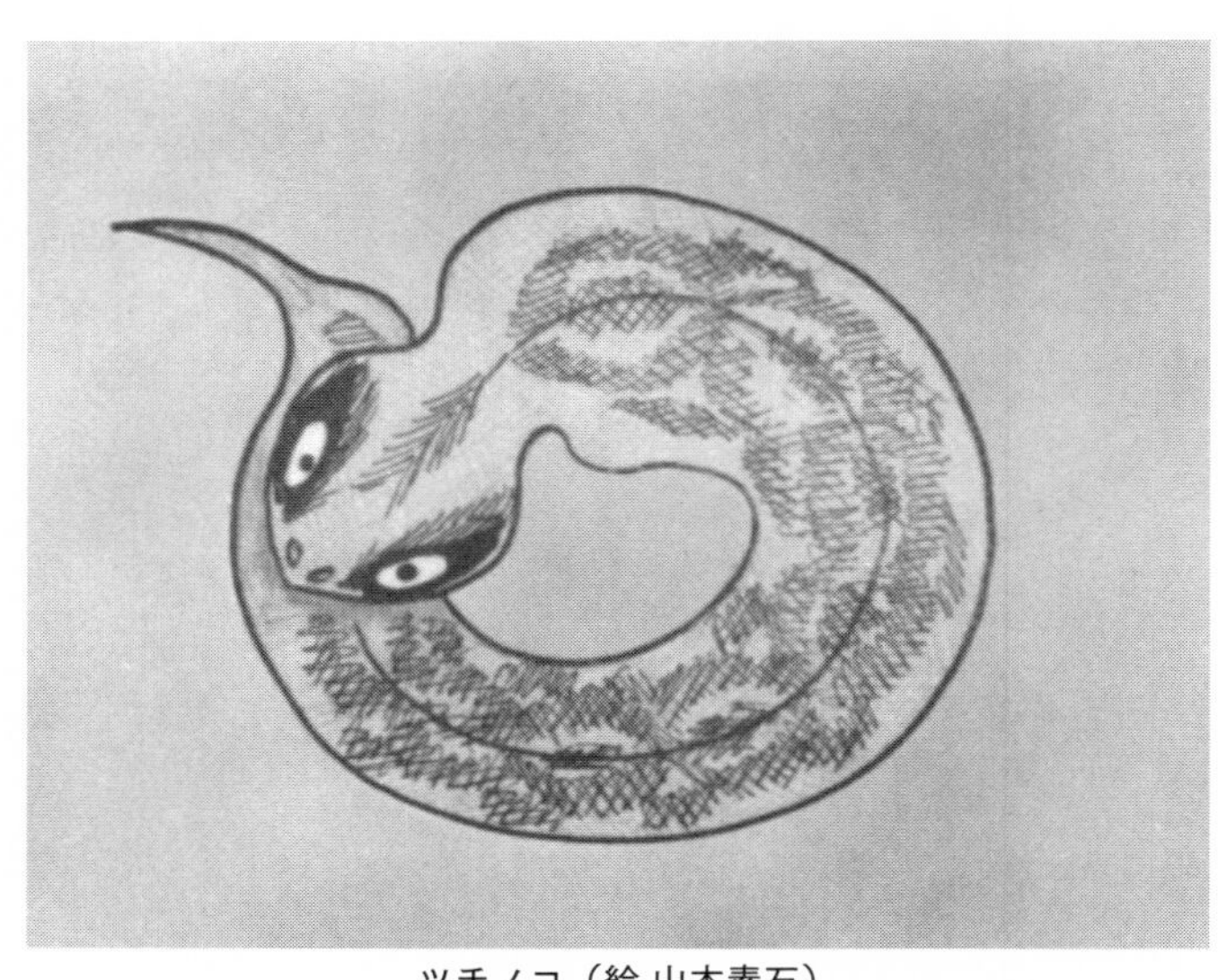

ツチノコ（絵 山本素石）

569）に特集ニッポン「幻の動物」記が組まれた。
昭和47（1972）年8月、NHKテレビ「ふるさと動物記」で大阪大学教授の佐藤磐根さん、山本素石さん、私とで鼎談をしたことがある。山本素石さんのツチノコ目撃談に、佐藤教授はそんなものいないと反論し、私は芦生にも各地にも目撃情報がある、ツチノコ、あるいはツチノコとまちがわれた何者かがいる、注目を集めているので、近々、正体がはっきりするのではないか、などと話した。

各地にツチノコ目撃情報があったことから、懸賞金がかけられ、捕獲に拍車がかかった。新潟県糸魚川市、岐阜県東白川村、奈良県下北山村、兵庫県千種町、岡山県吉井町などで次々と懸賞金がかけられた。兵庫県千種町が生け捕り3億円、死体でも1億円とか、糸魚川市で1億円というところまでいった。賞金の額から捕獲されるのは兵庫県千種町が有力ともいわれたが、その後千種町は市町村合併で宍粟市となり、懸賞金の話は立ち消えになっているようだ。

正体はヒキガエルを飲み込んだヤマカガシとかマ

ムシだろうとされていたが、ヤマカガシの体長は長く、ビール瓶には見えない。最近では、ペットで飼っていたオーストラリア・パプアニューギニア原産のアオジタトカゲとかマツカサトカゲが逃げ出したものだとされているようだ。しかし、トカゲには脚があるが、ツチノコには脚はない。

古事記や日本書紀に野の神としての記述があり、和漢三才図絵にも記述があることから、やはりモデルは日本の動物であろう。それにしてもこれだけの目撃例がありながら、いまだに謎のままである。私の手ではっきりさせてみたかった。

キベリタテハ

キベリタテハは和名の通り、へり（縁）が黄色のタテハチョウ、北海道から本州中部以北の山岳地に生息する特徴のあるチョウで、ほかのチョウと見まちがえることはない。尾瀬ヶ原や美ヶ原ではごく普通にみられ山小屋の壁にもとまっていた。このキベリタテハが１９７３年10月３日、よく晴れた日に、長治谷小屋の入口の大きな柱にとまっていた。翅を水平にひろげたかと思うと、一瞬にして垂直に翅を閉じた。間違いなくキベリタテハである。こんなものが芦生にもいた。証拠がないと誰にも信じてもらえない。しかし、捕虫網などもっていない。頭に巻いていた手拭いで捕ろうとしたが、あっという間に逃げられた。

私がこの目で見たのだから間違いないといっても、「証拠がない」と、誰も信じてくれない。当時、京大農学部の学生で蝶類研究会（蝶研）に所属していた緒方政次さんが趣味で芦生のチョウの調査に来ており、『緑蝶』第３号（１９７６）に「芦生の蝶」として採集した75種を報告した。報告の中で「渡辺がキベリタテハを見たといっている」と半信半疑で書いてくれた。

昆虫好きの方にキベリタテハを芦生で見たという話をしていたら、安藤信さんから１９８０年代に芦生

キベリタテハ（志賀高原）

で見たことがあると聞いた。セミの調査を続けている今井博之さんからは２００４年7月、ケヤキ峠からブナノキ峠への登り口付近で確実に見たと聞いた。台風時に南方の蝶がみつかることがある。これを迷チョウという。風で運ばれてきたということだ。キベリタテハも北の方から偶然風に運ばれてきたものかもしれないが、私の推測は研究林内で発生しているのではということである。

滋賀県昆虫目録にもリストされており、滋賀県チョウ類分布研究会（編）『滋賀県のチョウ類の分布』（琵琶湖博物館研究調査報告27、２０１１）によれば、１９５６年8月、伊吹山、１９９７年4月26日、芦生と隣接する高島市朽木村小入谷と能家で雄１固体が採集されているが、定着していないとしている。『蝶研フィールド』通巻１４３号（１９９８）には写真も掲載されている。さらに、京都側でも１９７６年4月17日、佐々里峠の広河原寄りで手塚浩さんが目撃していることを知った。

分布の南限は滋賀県伊吹山や滋賀・岐阜県境の山

とされている。食草（食餌植物）はカバノキ科のダケカンバ、シラカバ、ウダイカンバ、ヤナギ科のドロノキ、オオバヤナギなどである。これらは芦生には自生しないが、林内にはシラカバの植栽地がある。ここで発生しているのではと疑っている。

マムシは口から子供を産む？

芦生にはマムシが多かった。学生実習中でも来客を案内中でもよくみつけた。長靴か地下足袋を履いているので、頭を踏みつけ、首をつかんで、近くの棒を拾って口をこじ開け、牙を抜き取ってしまう。先を割いた棒に首を挟んでお持ち帰りだ。1日に17匹退治したことがある。しかし、本当に捕ったのは7匹、捕まえたうちの何匹から2～6個の卵が出てきた。それを含めてのことだ。

マムシ退治にはちょっとした自信があった。崖の横などで逃げられたことはあるが、ほんの数回だ。妻礼子が芦生に来て初めて三国峠へ登ったときのことだ。枕谷をはずれ、三国峠直下で歩道が上りから水平に変わるところで、歩道の真ん中に大きく汚いマムシがいた。私が近くにある棒を拾うと、「殺さないで」という。目の前にいて退治しなかったのはこの1匹だけだ。マムシの恩返しがあるのではと期待している。

捕まえたマムシは事務所へもって帰った。職員は次の日の仕事の段取りや車の運行の確認のため事務所へ寄る。仕事の段取りと打ち合わせだが、やがて杯とコップの打合せになる。事務所にはストーブが置いてあり、冬用に石炭が配給されていたが、夏に石炭では着火が遅い。よく乾燥した薪を放り込み火がつく。もって帰ったマムシはすぐにこのストーブの上で焼かれる。皮を剥ぐとイモリ、カエル、小形のネズミ、大きなムカデなどがでてきた。焼くと生きているようにぐにゃぐにゃと動く。たくさんの骨の間に薄い肉がついているだけ、味付けも何もないのだから、私はおいしいとは思わなかった。職員は肝や心臓を生で

マムシ

呑み込んでいた。ときどき入っている細長い卵は黄身だけで、これは焼くとおいしかった。

マムシに強壮効果があるとはよく聞く。知人から欲しいといわれ、一升瓶に入れ、跳びださないようにして、生きたものを何度か運んだ。芦生のものはいわゆる銭型模様のきれいなものと、汚く模様のはっきりしないものがいたが、和歌山県白浜で捕まえたマムシはすべて赤マムシであった。この地域には赤い系統がいるということであろう。

その当時、芦生では、それも若い職員でもマムシは卵胎生、すなわち卵でなく子供を産むが、子供を口から吐くと信じていた。マムシが人を咬むのは秋口、それは子供が口から出てくるという時期だが、このとき、親マムシの牙にひっかかりでてこられない。そのため子供を持つ親マムシは人に噛み付きこの牙をはずす、だから秋口が危ない、というのである。しかし、芦生でマムシに咬まれ、あわてて病院へ走ったという話は聞いた記憶がない。血清も事務所に保管していなかった。

人でなく、イヌが噛まれた例は知っている。職員が飼っているイヌがいて、近くを歩くときよくついてきたのだが、ある日、帰ってくると犬小屋へ入ってでてこない。みると頬が大きく膨らんでいる。飼い主が気づいて、「マムシに咬まれている」といった。心配になって何度も様子を見に行ったが、数日で小屋からでてきた。

私が職員に「マムシは卵胎生、確かに小さな子マムシでてくるが、長い消化管を通って口からでてくることはあり得ない。ニワトリを見てみろ、卵はお尻からでてくる、おまけに卵の殻にうんこがついているることからわかるように、総排泄孔からでてくるのだ」といっても、子マムシが口からでてくるところを見てきたかのように、納得しない。

1升、賭けるかということになった。若い人数人が、捕まえてきたマムシの頭にミカンの入っていた網袋をかけ、細い首のところで縛る。子マムシがこの袋に入っていれば私の負け、袋の外にでていれば私の勝ちだ。私もマムシが生まれるところは見たことはないが、勝負には自信があった。木箱の中で数匹を飼っていたが、秋深くなっても、子マムシは産まれなかった。すべてオスだったようだ。ということで賭けは未決着のまま終わった。彼らは今でも口から吐くと信じているかもしれない。はっきりと白黒をつけたかった。

8 嫌われるムシ

原生林は美しく、渓流の水はきれいでおいしい。しかし、自然は私たちが歓迎しないものも当然生み出す。それらが存在すること自体も自然の豊かさを示すものである。芦生にはマムシが多いことを述べたが、マムシ以外のヘビも多い。

最近、被害が多いのがヤマビルである。これに血を吸われると丸い口の痕が残り、血が止まらない。血が固まらない物質をだしているのである。雨の後などトロッコ道を灰野まで歩くだけでも数人が悲鳴をあげる。血をたっぷり吸うと黒いナメクジのようになりポトッと落ちる。風呂に入ったりすると、また血が流れだす。やっかいな生き物だ。以前はこんなことはなかった。間違いなく、増えたシカによって運ばれ

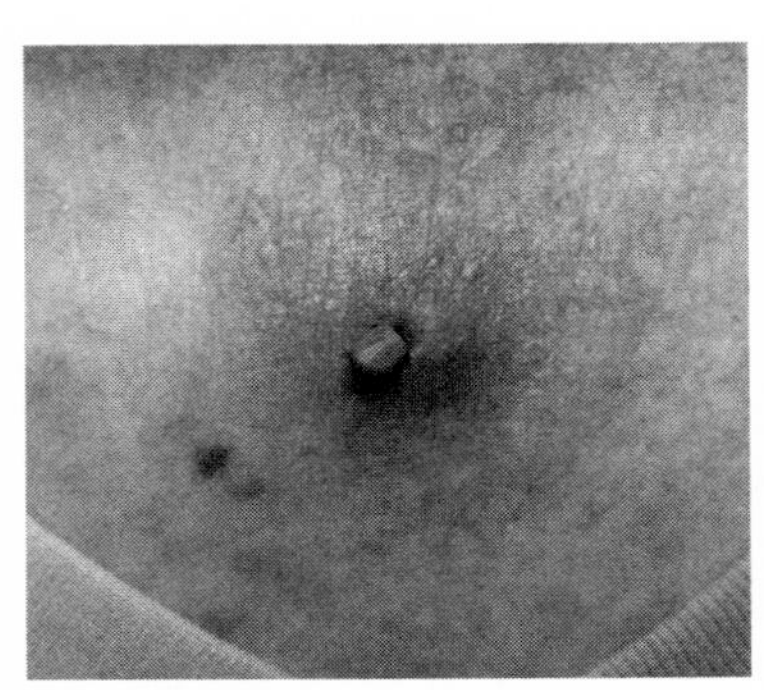

胸に食い込んだマダニ

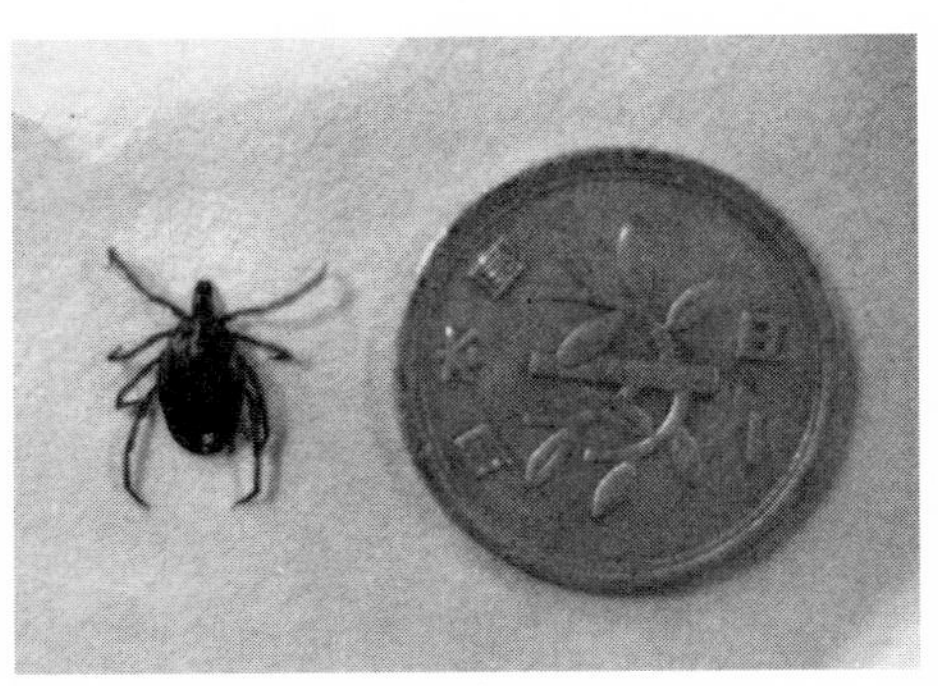

マダニ

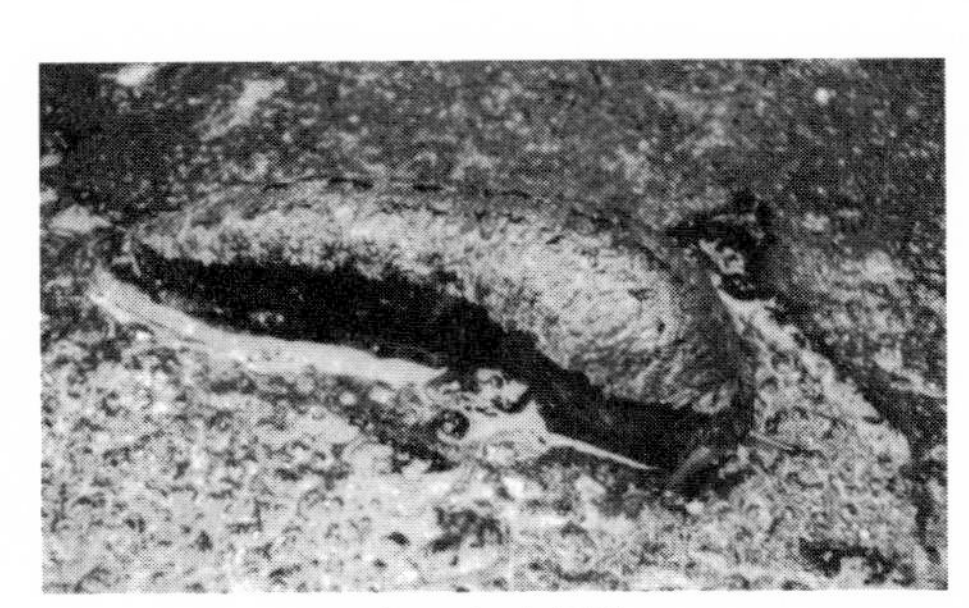

ヤマナメクジ

ている。芦生の集落の人たちは、家の前で野菜などを作っているが、その周りをネットで囲っている。シカ除けである。白菜や大根を採りに行くだけでヒルがくっつくのである。

ヒルと同様、増えつつあるのがマダニである。これもシカが運んできているのであろう。頭髪の中など皮膚に食い込むととるのがたいへんだ。また、ウィルスをもっていることが確認され、京都府内でも重症熱性血小板減少症候群（SFTS）の発病者が確認されている。原因不明の発熱もこのダニ熱かもしれないのである。

小さいが春先のブユ（関東でブヨ、関西でブト）も嫌われる。血を吸われると大きく腫れる。これにやられると誰もが不機嫌になる。これもブユ刺咬症・ブユ刺咬症になることがある。ヌカカはさらに小さいが咬まれると痒い。顔のまわりを飛び回り眼に飛び込んでくるメマトイもうっとうしいムシだが、血は吸わない。夏になると、アブの発生だ。渓流沿いを歩くと、イヨシロアブ、大きくハチと間違いそうなウシアブなどが次々と襲ってくる。

秋になるとスズメバチ類だ。気づかないで巣に近づくと襲われる。学生グループが橋の下に巣があって、数人が刺された。一人はアナフラキシーショックで顔色は土色、意識も薄く、慌てて中村の診療所へ連れて行った。秋深くなればカメムシだが、これは室内に侵入するとうっとうしいが、野外では困らない。体長15㎝にもなる巨大なヤマナメクジも気色悪い。虫好きの私でも、やはりこれらの生き物は嫌いだ。

9　食べられる山の木の実

秋の山にはいろんな木の実、食べられる木の実が稔る。学生たちと歩いていて、私がヤマボウシ、ナツハゼ、サンカクヅル、マタタビ、サルナシなど、みつけた木の実を口に入れると、「食べられるんですか？」と尊敬の眼を向けてきた。ほとんどは都会育ちの学生である。野生の木の実など興味はないし、食べたこともない。「毒はないんですか？」と念を押して聞いてくる学生もいた。

芦生演習林に赴任した年の秋のこと、事務所の前に石垣に囲まれて大きなコナラとカナクギノキ、ケンポナシがあるのは知っていた。その木の下で地元の子供たちが落ちているケンポナシの枝先を拾って口に入れている。「なにしているの、おいしいの」と聞くと、「甘い」という。私も拾って齧ってみると確かに甘い。ただし後味にちょっと渋味が残った。

私は山歩きが好きだったし、樹木に興味があったので、ケンポナシは知っていた。落葉性の高木である。しかし、その枝先が甘いことは知らなかった。今なら図鑑など情報はいくらでもあるが、食べられること

ケンポナシ

を教えてくれる人に出会わなかったのである。

ケンポナシの枝先に果実がついているが、そのすぐ下が膨れている。これを果梗というが、ここが甘いのである。私も芦生に来て初めて知ったのであるが、昔から知っていたかのように、ケンポナシの実が落ちていると拾って学生たちに味見させた。こんなものが食べられるのか、初めての体験だと驚いていた。

これを食べられることを知っているのは、山の子だけだ。大人たちはあまり食べないが、芦生の子供たちはこの知識を受け継いでいる。しかし、事務所前のケンポナシは枯れたようだ。それでもトロッコ道の井栗の手前、内杉林道の湧き水、芦生の水のところに大きなものがある。結実は毎年ではないが、成り年には地面一杯に落ちている。一度、味わってみるといい。種子は真っ黒で丸い、人形の眼になると拾っている人もいる。

中国・雲南省の昆明へ行ったとき、野外市場に大量のヤマボウシの実やケンポナシの枝先の束が売られていた。これらの樹種が中国にもあり、市場で売られること、食べられることを知っているのに驚いた。長崎出島に来ていたシーボルトはこのケンポナシのことを記録に残している。帰国後出版した『日本の植物』（大場秀章監修解説・瀬良正克訳、八坂書房、１９９６）に、日本ではお酒に酔わないように呑んでおく予防薬として評判がよいと書かれている。酔うために呑む酒を酔わないようにする効果があるという。本当に評判がよかったのかどうかわからないが、現在でも酔わないという効能でケンポナシのドリンクが売られている。

カカツガユ

ヤマボウシ

私は食べられるとされる木の実を全部食べてみようと思いたち、みつけては食べて記録を取っていた。もちろん、おいしくないものもあった。クワ科のカカツガユは本州ではその分布は山口県のみ、四国・九州・沖縄の暖地に分布するものとされ、どこでも希少種だ。長崎のグラバー亭でみつけたが、その時、実はついていなかった。雌雄異株とされるので、雄株だったのかもしれない。紀州南部にもあるともされるが、見たことはない。どんな実かどんな味か長い間、気になっていた。食べたのはずいぶん後のことだ。山口県萩のものだったが、直径2㎝ほどのおいしい実だった。

こんな私の興味をどう知ったのか、1982年4月から1983年3月まで、『山と渓谷』のグラビアに「食べられる山の木の実」として植物写真家の富成忠夫さんの写真に、1年間12回の連載記事を書いたことがある。

食べられる木の実、樹木と食文化の興味は広がり、ドングリ饅頭、モミジのてんぷら、桜餅のサクラの葉漬け、柿の葉寿司などについても現地まで調べに行った。これは『樹木がはぐくんだ食文化』（研成社1996）として出版され、さらに、カシワ餅のカシワの葉、シラカバ樹液、ドングリの加工などについては『地域食材大百科第3巻　果実・木の実・ハーブ』（農山漁村文化協会　2010）に書かせてもらった。

芦生に住んでいたから芽生え、発展した趣味であるが、私の研究テーマの一つになった。

Ⅵ　ツキノワグマ研究

1 はじめてクマに会う

土壌動物を研究テーマにしていた私が芦生演習林で行った研究の一つがツキノワグマ研究であった。カミキリムシ好きの昆虫少年であったし、生きものには興味があった。ツキノワグマが生息している森で暮らしているのである。興味をもって当然であった。

初夏のある朝、宿舎のすぐ近くにある大きなウワミズザクラの枝がぼきぼきに折れていた。クマがウワミズザクラの実を食べに登ったのである。春早く花の咲くウワミズザクラの実は夏には熟すが、成熟を待たず、食べに来たのである。そういえば前の夜、職員が放し飼いにしているイヌがよく吠えていた。

私が実際にクマを見たのは3回だ。そんなものかと思われるかもしれないが、猟師ではないのだからクマを追いかけているわけではない。長く演習林に勤めている職員でもクマに出会ったことがない人もいるし、登山で初めて芦生に来てクマに出会った人もいる。

私も初めての時はそれこそ突然眼の前に現われた。当時の和田茂彦林長を含め数人でサワ谷へ行ったときのことだ。ネマガリダケの中で休憩したあと、そろそろ帰るかとみんなが立ち上がり左の方へ行った。私は少し遅れてリュックを背負った。その時、右のほうから音がした。みんな左のほうへ行ったはずなのに、行き先を変えたのかと立ち上がった瞬間、眼の前にクマの顔があった。カメラはリュックにしまったばかりだ。林長はその日鉄砲を持っていた。「クマだー」と叫んだらすぐに来てくれたが、もうクマはいなかった。川を渡って行ったらしく、川面から出ている石が濡れていた。あと2回の遭遇は、ササや藪の中にお尻がちょっと見えたくらいだ。

自動撮影で撮られた芦生のクマ（写真　小泉博保）

芦生に赴任してすぐ、当時、ご存命であったベテラン猟師5人にクマに関することをいろいろ聞いた。演習林設置後50年間で約450頭を捕獲しているということになる。毎年10頭近くの捕獲ということになる。当時、主目的は蛋白源の確保と高く売れた熊の胆であった。しかし現在、芦生の集落に狩猟免許を持つハンターはいない。事故防止の理由で、狩猟をせず銃だけを持つことが許されないのである。

毎年10頭の捕獲が続くとして、2年に1回2頭の出産とすると、成熟した雄雌それぞれ10頭がいないといけない。子熊のうち1頭は死亡すると仮定すれば、成獣は40頭くらいということになる。そんなに大きな数ではないと思った。しかし、クマ猟は演習林内には限定されていない。周辺の民有地も含まれていたし、積雪期でも由良川上流の七瀬、大谷方面まではとても行けない、クマ猟の対象地は案外狭かった。演習林全体とすればもっといるはずだといっていた。

あるとき、新聞に「芦生にクマ400頭」という記事がでたことがある。私が与えた情報だろうといわれたのだが、私はせいぜい50頭といっていた。猟師に聞いた話かもしれない。４００頭は本当かと聞かれたが、まったくの嘘でもない「嘘八百の半分くらい、まったくの嘘でもないだろう」と答えた。

クマがよくでてくるというので、クマ除けの鈴を鳴らしたり、トランジスターラジオをかけっぱなしで歩く人がいる。確かにクマ除けの効果はあるだろうが、小鳥の声も渓流のせせらぎも聞かず原生林を歩くのは少々もったいない。

2 クマハギ（熊剥ぎ）

初めてクマハギ、すなわちツキノワグマが針葉樹の樹幹下部の樹皮を剥ぐことを見たのは大学院に入学し、樹木実習で訪れた昭和36年（１９６１）7月のことであった。夕方、40人近くが下谷の丸木橋を渡って宿舎の長治谷小屋へ戻った。次の日の朝、ここを通ると、何本ものスギの樹皮が剥がれ、がりがりと齧られていた。「昨日の夕方、こんなものなかったなあ」と、クマの存在を身近なものに感じた。後に私自身がここに奉職するなど想像もしていなかったときのことだ。

芦生演習林にクマがいることはよく知られていた。周辺の山林でクマを見ると演習林のクマがでた、演習林のクマが悪さ（クマハギ）をしたなどといわれた。京大の備品番号がついているようないわれ方であった。クマには演習林にしか住めない理由があった。周辺の山林にはスギ林が多い。スギ林には食べものがない。スギばかりでドングリもほかの木の実もない。もう一つの大きな理由、すなわち、冬ごもりの樹洞がない。クマは冬の間、樹洞で冬ごもりする。一般に冬眠といわれるが、完全に眠っているわけではない。実際、雌グマは冬ごもり中に出産する。眠っている間に子グマが生まれるはずはない。ハンターはこの冬ごもり期間にクマ穴を探し、クマ猟をするのだが、穴に近づくだけで跳びだしてくることがあるという。

原生林にクマがいて当然である。自然の豊かさを象徴する生きものだ。しかし、そこでは駆除が続いていた。それはクマハギの被害があるからだ。クマを保護するためにはクマハギを止めさせないといけない。そこでまず、クマハギの実態を調べることからはじめた。

日本海沿いの山岳地にはクマが生息し、そこには天然のスギ、ヒバ（アスナロ）、オオシラビソ、シラベ、コメツガ、モミ、ウラジロモミなどの針葉樹がある。クマはこれらの針葉樹の樹皮を剥いでいるはずだが、枯れることはなかったので、クマの習性と認識はされても被害とは認められなかったのであろう。紀伊半島でのクマの生息地大台ヶ原ではシラベ、ウラジロモミを食害し、バラモミ、トウヒは少しも食害しないと報告されていた。

クマ剥ぎ

クマの生態研究をはじめた当時、静岡県天竜川上流の水窪町、滋賀県朽木村などからクマによる被害、すなわち、クマハギが次々報告された。被害は天然林の中のスギでなく、戦後の拡大造林で植えられたスギ・ヒノキであった。植えられたスギ・ヒノキが、クマハギの対象になる大きさになった、つまり伐採し売れる大きさになったということである。人が苗木を植え、下刈り、雪起しをし、除伐・間伐など経費をかけて手入れしたのに、売れる大きさになっての被害はとても許してもらえるものではなかった。クマハギでは根元近くの樹皮が剥がれる。ここは一番玉と呼ばれる太いところだ。ここが剥皮され腐りが入れば商品価値は下がる。数本だけの大きく重い木材を林道のないところから市場まで運び出すのは簡単ではない。被害にあっても泣き寝入りするしかないのである。

芦生にはアシウスギと呼ばれる天然スギがありツキノワグマがいたのだから、クマハギがあるのは当然であった。しかし、植栽したスギ・ヒノキ林に被害がでては許してはもらえない。その当時被害はひどく、とてもスギ・ヒノキ林の造成は無理だと思われるほどであった。

芦生で調べてみると、スギを主に、ヒノキ、モミ、ツガ、ヒバ（アスナロ）、ゴヨウマツと植栽したカラマツ、ドイツ（オウシュウ）トウヒが被害を受けていたが、スギに比べればその他の樹種の本数はもともと少なく、被害とまではいえなかった。チャボガヤ、ハイイヌガヤなどの針葉樹があるがこれらは大きくならない。クマハギの対象外であった。クマはまちがいなく、針葉樹を狙っている。きわめて稀に、サワグルミ、シナノキなどの広葉樹にもクマハギを見た。当時、シカは多くなかった。シカによる剥皮ではなかった。

同じ針葉樹でもスギ・ヒノキとモミ・ツガでは樹皮が大きく異なる。スギ・ヒノキは樹皮を剥ぎ引っ張るので上の方まで一挙に剥がれる。一方、モミ・ツガでは齧られたところだけが剥がれる。それでも剥がれたところからは脂（やに）が流れ出ている。

3 加害時期

クマの研究をはじめた当時、クマハギは、冬ごもりからでてきた早春にクマの食べものがないので、スギやヒノキの樹皮を剥いで齧るとされていた。ところが、芦生ではほとんどの植物が出揃った初夏、6月中旬~7月中旬に発生していた。食べもの不足ではないと思った。クマハギの痕はしばらく生々しいままで残る。知らない人がこれを8月や9月に見ても、昨日、あるいはつい最近と思わせるものである。剝皮されなかった部分は肥大生長するので、次第に剝皮部分を覆って隠してしまう。それでも剝皮部分がわずかに残っていたり、根元が異常に膨らんだりしているので、古いクマハギ痕があることがわかる。林内の天然スギの大きなものにはほとんどクマハギの痕が残っている。過去に齧られたことがあるということだ。

新しく剝皮されたスギの大きさを調べたところ直

雪の中のクマの足跡

径12㎝から93㎝だったが、主に20〜50㎝のものが剥皮されていた。被害は1カ所で5〜10本程度、群状に発生した。これを1回の被害量とすると、0・9〜2・1㎡の剥皮になり、その60〜90%を齧っていた。もちろん、同じ場所に次の日に、あるいは数日おいて被害が発生することもあった。

剝皮の仕方はまず根元の樹皮を口で剥ぐ。樹皮は5〜10㎝幅で裂ける。これを口と前足でひっぱるので、高さ2〜4mまで裂ける。剥がれた樹皮の裏には爪痕が残る。裂かれた樹皮がぶら下がっている状態になる。剝皮した形成層部を高さ1〜1・5mくらいまで、がりがりと齧っている。歯の痕が上下に隙間なくついている。舐めているだけではない、まちがいなく齧って食べている。地際では歯の痕は横向きだ。縦方向では顎があたるからであろう。

傾斜地にあるスギ・ヒノキ林では初めには山側から、山側に古い痕があると側面、あるいは谷側から齧っていた。雪の多い芦生ではスギは根曲がりしているので全周を剝皮することは少ないが、平坦地では一度に全周を剝皮されることもあった。秋になって、ぽつぽつとスギが赤くなる。7月に剝皮され、枯死したものの葉が赤くなったのだ。あそこもやられていたのかと、調べに行くと、枯れたもの以外に何本ものスギが剝皮されていた。

4 国際クマ学会でクマハギを講演

国際クマ学会は研究をふまえ、その上で管理（マネージメント）を考えていこうというのが目的である。第4回の開催地はアメリカ、モンタナ州カリスペル、有名なグレーシアー国立公園のあるところだった。私たちの研究をどう知ったのか、参加を熱心に誘ってくれたので、京都大学霊長類研究所の東滋さん、東

アメリカクロクマによるダグラスファーへのクマハギ

京農工大学農学部の古林賢恒さん、白山自然保護センターの花井正光さんと参加することにした。アメリカにいるアメリカクロクマにも針葉樹の樹皮剥皮の習性があると知り、それを見たかったのも理由である。初めてのアメリカ訪問であった。

研究の方向はほぼ承知していたものの、データの集積量、テレメーターなど機器の利用、研究者の層の厚さ、共同研究のあり方にはやはり驚かされた。グレートスモーキーマウンテンでの食性調査では1,025個の糞分析、75の胃内容物の分析、年齢構成に1,000個体の頭骨の収集、27頭のアメリカクロクマに同時に発信器を着け、その行動を追跡しているといった報告があった。

私はツキノワグマによる針葉樹への剥皮害を紹介した。アジアのツキノワグマ（ヒマラヤグマ）にこんな習性があるのかと、興味をもってもらえたようだ。このあと古林さんとシアトルへ飛び、郊外にあるウェアーハウザー社所有の、日本では米松と呼ばれるダグラスファー林のアメリカクロクマによる被害地を見せてもらった。日本にも同属のものにトガサワラがあるが、分布が限られていてクマハギの被害は聞いたことがない。ヒグマに比べればずっと小型のアメリカクロクマに同様な習性があるのが面白い。しかし、スギやヒノキのように、樹皮がぺろっと剥がれるのではなく、モミ・ツガのように、齧られたところだけが剥がれていた。

ここの広大なダグラスファー林は人工植栽したものでなく、天然下種更新でできあがったものだ。根元近くが齧られ、腐朽で利用部分が少なくなるだろうが、枯れることはないようで、クマハギについてはとくに神経質になっていなかった。日本でのツキノワグマによる針葉樹への剥皮害を報告し、アメリカクロクマによる被害地を見学できた意義な旅であった。その後、京都での第17回国際林業大会（ＩＵＦＲＯ）（１９８１）でもツキノワグマによる森林被害について講演した。

5　被害防止

芦生演習林でクマを捕獲したのは、あくまでスギ・ヒノキへ剥皮害が理由である。静岡県水窪町では田中式クマ捕獲檻でクマを効率よく捕獲でき、クマによる被害の心配がなくなったと聞いた。全滅させたということだ。しかし、ここ芦生は原生林でありクマがいて当然だし、クマがいることが、自然がよく保たれていることを示している。とはいえ、林内・周辺のスギ・ヒノキ林へ悪さをすることも確かである。そのために害獣駆除の対象となり、狙われていたのである。

クマと共存できる原生林の保護となると、スギ・ヒノキへの悪さ、つまりクマハギを止めてもらわないといけない。効果のある忌避剤があれば、これを塗布し、クマハギを防げれば、クマが嫌われることも追い回されることもないと考えた。隣接の滋賀県朽木村（現・高島市朽木）では捕獲されたクマからとった油をスギ・ヒノキに塗って被害を防いでいた。しかし、クマの油では量が足りない。

イノシシ用忌避剤が市販されていることを知った。効能書きを読むと、薬剤をしみこませたボロ布を棒に括り付け田畑の四方に立てておけばイノシシが入らないという。製造会社へクマへの効果を確かめる研究用だといったら、無料で送ってくれた。ラムタリン（シクロヘキシイミド剤）とフェノール系化合物で前者がニーゲル、後者がニーガスという商品名であった。安物のポマードと表現した芳香であった。

杭（5㎝角、長さ30㎝）に、目印として頭にペンキを赤く塗りさらに忌避剤を塗ったもの、対照として頭にペンキだけを塗った杭、それぞれ１００本を、１９７１年8月に上谷・野田畑の歩道に沿って忌避剤が影響し合わないように20～50ｍおきに交代で打ち込み、12月に見て回った。結果は、忌避剤を塗っていない杭は3本が齧られていたが、ニーゲル（ラムタリン粉剤）を塗ったものは6本、ニーガス（フェノール系化合物）に至っては16本が齧られていた。忌避剤を塗ったもののほうがクマを引き寄せたのである。ニーガス、ニーゲルという商品名をやめて、クマ誘引剤クマヨールにした方が売れると冗談をいった。

森を歩いているとスギの樹幹にビニールテープを巻いている光景をよく見る。美しい光景ではないが、クマハギの悲惨な状態を知れば、所有者が何とか被害を防止しようとするのは当然だと思う。確かに、派手な色彩のテープが巻きつけてあれば剝皮しにくいし、人が来た気配は残るので、しばらくは効果があると思う。あるスギ林でビニールテープを巻くと、隣のスギ林の所有者はうちへ来るかもしれないと、遅れてかならずテープを巻く。そのテープも今では多くがクマ除けでなく、シカ除けになっている。

ともかく、クマがスギ・ヒノキの樹皮を剝がなければ、クマを捕獲する理由がなくなる。安価で効果のある忌避剤でクマ剝ぎを防ぎたい。とはいえ、なぜ剝皮するのかの理由もはっきりしないのだから、開発はむつかしいのかもしれない。効果のある忌避剤はうまくみつからなかったが、探してみる価値はあると今も思っている。クマハギの理由として、早春、冬ごもり穴からでてきたときに食べものがないからというのは、先述のように芦生では7月に発生することから、理由は食糧不足ではない。クマの発情期が7〜8月であることから、単独生活をし、シカのように発声することのないクマが、他のクマと出会うのに針葉樹の樹皮を剥ぎ、この香りを通信に利用しているのではと考えたことがあるが、クマハギの習性の理由は今でもはっきりと説明できないようだ。クマといえば人的被害が問題だが、演習林では職員にも登山者にも、仕事中にあるいは歩いていいて襲われた例は聞いていない。

6 クマ捕獲

田中多喜次さんが考案した田中式熊捕獲檻は10枚の鉄製柵をボルトとナットで組み立てられ、移動もできるものだ。本当に効果のあるものだろうかと、研究費で購入した。3万円であった。もちろん、捕獲は研究のためで、農林大臣の捕獲許可をもらった。

バラバラにした10枚の重い鉄製柵を背負子で上谷アン谷まで運んだ。林道はその当時、長治谷までは伸びておらず、扇谷くらいまでだった。運搬は職員が手伝ってくれた。登山者からは見えないように歩道から少し離れたところ、ネマガリダケの中に設置した。近くにはミズキがたくさんあり、よく円座が作られる場所である。

誘引の餌は栃蜜採取が目的の養蜂家が毎年来ていたので、巣箱を一つ分けてもらった。野生のミツバチの巣を荒らした痕を何度かみていたから、これが一番確実と思ったのである。クマが入ったかどうかを確認に行くのは仕掛けた私自身である。クマがいる森の中を歩くのとちがい、クマの捕獲檻を置きその成果を確かめに行くのにには緊張感があった。檻にクマが入って入口の扉が落ちると、立てた棒が倒れるように工夫していた。この棒が倒れていればクマが入っているということである。ネマガリダケの密集する歩道から、胸の鼓動が大きくなったのを感じながら遠望すると棒が立っている。緊張がほぐれ、大きく深呼吸した。

設置後はほぼ毎日、確認に行ったが棒は立ったままで、クマは入っていない。やがて2日おきになり、3日おきになったが7月中旬、棒が倒れている。檻は直接見えない。「落ち着け」と、自分自身にいいきかせ、ゆっくりと近づいた。檻の中にクマがいる、眼が合ったとたん、突進してきた。もちろん、檻の中からだが、口の中は真っ赤だ。檻の鉄棒を噛んだようで曲がっている。跳びだしてくる心配はないが、さすがに緊張するものだった。中に入れた巣箱はばらばらの木っ端になっていた。

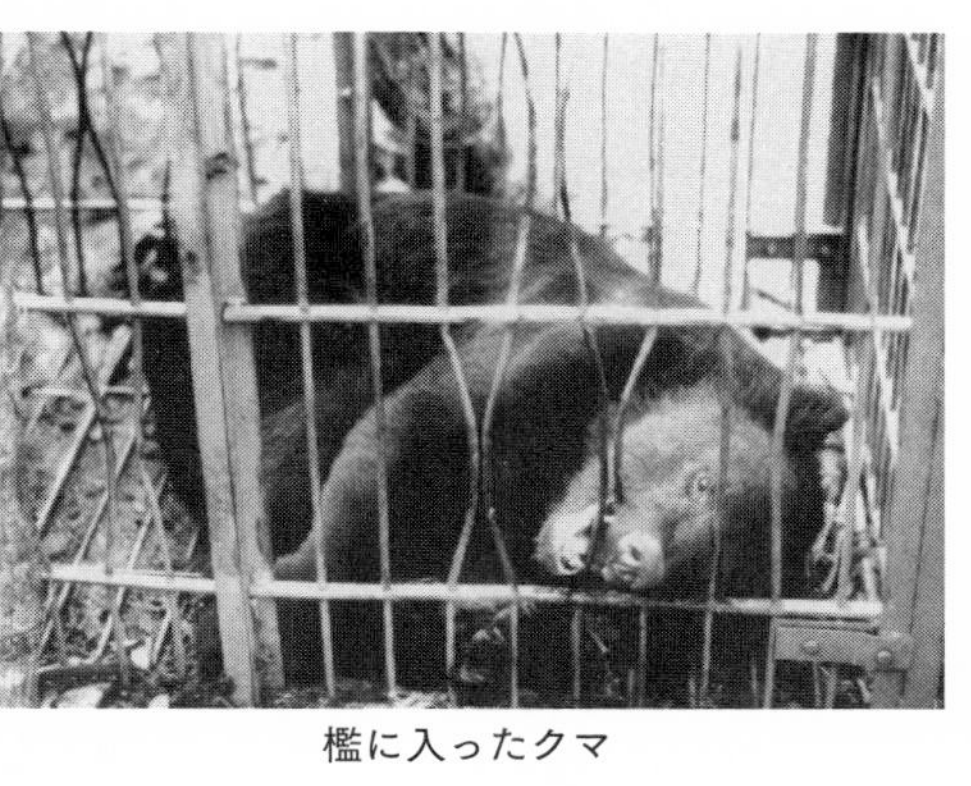

檻に入ったクマ

次の日、職員みんなが見に来てくれた。結構大きな個体だった。できれば耳輪をつけて放したいといったのだが、人間に捕まえられた恨み骨髄で登山者でも襲ったら訴えられるぞといわれ、射殺した。夏の肉はおいしくないと、職員は解体に来てくれない。当時、演習林の森林伐採には毎年高知から作業員が来て、いわゆる飯場に寝泊まりしていた。皮と熊の肝をもらう約束で彼らにクマを渡した。熊の肝は演習林に渡し皮は剝製にした。

ミツバチの巣箱に効果のあることはわかった。しかしこれは高価なものだ。思いついたのはペンキだ。当時のペンキは塗ったあと数日は「ペンキ塗りたて」の注意書きがいるほどで、すぐには乾かず、匂いも残るものだった。林内にペンキで地名を書いた標柱を立てるとすぐにクマがやってきて、がりがり齧り倒すのだ。これなら絶対入ると自信があった。しかも1缶たった300円である。これを檻の中にぶら下げた。檻は同じ場所に設置した。

7 食べもの

クマの生態を知るには、まずは何を食べているかを調べることだ。食べているところを直接観察するのはクマの場合、むつかしい。しかし間接的な方法、すなわち、食べ痕を見つけるのは案外簡単だった。あとで述べる円座もその一つである。実際、クマがネマガリダケのタケノコ、クマイチゴなどキイチゴの実、イタドリ、シシウド、ウバユリ、ウワバミソウなどの葉を食べた痕を見つけた。しかし、シカ、カモシカなどもこれらを食べる。葉に残る歯のかたちや付近にある足跡などで識別しないといけない。飼育していろんなものを与えてみる方法もある。実際、私も檻で捕獲したクマを3カ月ほど飼育したが、とてもいろんなものを与えてみる余裕はなく、ともかくクマが食べてくれるもの、ナシ、リンゴ、カキなどの果物を与えるのが精一杯であった。

　捕獲されたクマの胃内容物を調べる方法もある。野生のクマが何を食べていたかはっきりする証拠だが、一つ調べるということは一頭が殺されたということである。佐々里など近隣の集落でクマを捕ったという

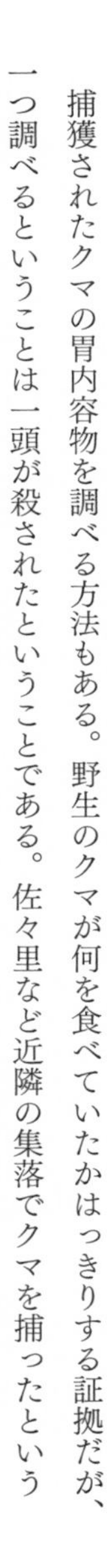

クマの糞

情報を得てすぐに走っていってもその頃にはたいてい解体は終わっており、内臓などは土に埋められていた。私自身が調べたのも数個体だ。それよりも胃液だろうか、きわめて不快なにおいがし調べているうちに吐き気がした。冬ごもり中のものが多いのだから、胃袋には何も入っていないのにである。嫌いな作業であった。

もう一つが糞をみつけてきて、その内容を調べる方法である。クマの糞は案外簡単にみつかった。それだけ当時クマが出没していたし、私も歩き回っていたということであろう。職員からも仕事から帰ってきた後、あそこに新しいクマの糞があったといった情報をくれた。しかし、持って帰ってくれた人はいない。当時、まだポリ袋がなかったのである。翌日、あるいは数日後、いわれた場所へ行ってみるのだが、なかなかみつからない。糞虫が来て荒らしたり、雨が降ると溶けてしまうのである。

マツブサ

糞の重量は1個250〜970gであった。一塊で1,810gの大物もあった。重さを計って内容物を調べたということは、自分でこれをもって帰ったということである。大きな糞は秋のドングリを食べたものだった。食べているのはミズナラやコナラのドングリだけ、ちょっと発酵臭があるが不快な匂いではなかった。これならドングリクッキーがつくれると思った。

クマの糞は100個近く集めただろう。その多くは秋のことである。春・夏は少ない。糞がみつからないのである。秋に多いのは糞虫が少ないこと、気温が低く腐りにくいことによる。とくに冬ごもり前、木の実が熟しクマの食欲も旺盛で、活動が活発になる時期でもある。秋に谷筋を歩き、円座を観察に行くと、これらの木の下に糞がいっぱいあった。

春、みつけた糞はネマガリダケのタケノコだけ、カニコウモリの葉だけなど、同じものばかり、いろんなものを少しずつ食べるという習性ではなかった。アリを食べた糞は未消化のバラバラのアリとカンスゲ、クマの毛、小石であった。アリの巣を壊し、逃げ回るアリを食べたのだが、小さなアリを一匹ずつつまんでいるはずはない。付近にあったカンスゲとともに砂や小石も口に入れたのであろう。前足の毛もいっしょに呑み込んだということだ。

クマの糞からはいろんな木の実がでてきた。カキノキ、スモモ、ミズキ、オニグルミ、ミズナラやコナラのドングリなどはすぐにわかったが、わからないものがいくつもある。当時、種子図鑑（中山至大・井之口希秀・南谷忠志「日本植物種子図鑑」（東北大学出版会、２００４）はなかった。仕方なく、クマが食べそうな木の実を採集し、その種子を標本として残した。かなりの樹木の種子の標本ができた。ウワミズザクラ、カナクギノキなどが確認できた。

ところが、小さなハート型の種子と、もうひとつ特徴のない種子の名前がわからない。クマが食べると思われるものはほぼすべて集めたのに、これらの種子がでてこないのである。それが偶然にわかった。落ち葉を集めるリタートラップで落葉落枝量を調べているとき、トラップに特徴のない方の種子がたくさん入っていたのである。上を見ると、そこにタカノツメがあった。タカノツメの果実は食べないだろうと勝手に思い込んでいたのである。信州へ行ったとき、マツブサがあった。食べられる木の実の一つだ。箕輪村にはこれのジュースもある。中からでてきたのはハート型の種子だった。これで問題は解決した。マツブサはマツブサ科、ヤマブドウ・サンカクズルはブドウ科、どちらもつる性で一見、果実はよく似ているが、マツブサの実はやや大きく数粒つくだけ、鈴なりということはない。しかし、芦生研究林内にはマツブサは少ない。私が知っているのは数カ所だ。こいつ、私より演習林内の植物を知っている、と思った。

8　円座

クマは秋、ドングリなど木の実が稔ると、木に登り、樹上で枝を折ってそこについている実を食べる。その枝をお尻の下に敷く。樹上に枯れた葉が目立つようになる。これが円座で、クマ棚、棚、床などとも呼ぶが、本当に鳥の巣のように見えることもある。これを知ると秋の山は楽しい。眼の前にクマがいた証拠が残されているのである。昨夜かなと思える新しいもの、ときには私が近づくのを察知して飛び降りたかなと思える新しいものもあった。木に登って木の実を食べているとき、遠くから見ていると長い時間降りてこないといわれるが、私はそんな場面に遭遇したことはない。

当時、円座は蚊やブユ（ブト）など虫を避けるために木の上に登り、巣をつくって休むためとされていた。ところが、虫の多い夏ではなく、秋に

円座

つくられること、食べられる実をつける樹種にだけ登ることから、円座は虫除けのためではないと確信した。虫を避けるためなら風の通る川沿いのモミやサワグルミでもいいはずだが、そんな木には円座を見たことがない。稀にスギなどにも登っていることがあったが、これはスギにサルナシやアケビがからんでいて、その実を食べに登った痕だった。

円座が作られるのは春早く花が咲き結実も早いウワミズザクラで、これが8月、9月に入ってスモモ、10月にはカキ、ミズキ、クリ、カナクギノキ、ミズナラ、コナラ、ウラジロガシ、オニグルミなどと続いた。中でもミズキが好きだ。沢沿いにあるので、野田畑から杉尾峠までのミズキ103本を3年間調べた。直径12㎝で登り、大きいものでは53㎝であった。年によってほとんどの木に登る場合と少ない年があったが、これはミズキの結実の豊凶、ほかの樹種の豊凶による影響だったのであろう。

9 クマに発信器を着ける

猟師によると芦生でも地グマと渡りグマがいるという。渡りグマは冬に福井県・若狭方面からやってきて、からだが大きく毛は褐色だという。クマが1年中、狭い地域でじっとしているとも思えないが、どのくらい移動するかの証拠を示したものではない。

1968年9月11日、檻にやや小さいクマが入った。誘引剤はペンキ。体重約50㎏の雄であった。100㎏まで量れるバネ秤を買っていた。猟師たちはその当時体重を「貫」でいっていたが、たいてい予想より1～2割は少なく、100㎏を越えるものはいなかった。それでもこの個体は小さく見えた。宿舎近くまで運び、3カ月ほど飼った。問題は餌だ。リンゴ、ナシ、ブドウ、カキなどの果物を、あちこちのスーパーを回って傷んだもの、廃棄するものをもらった。数日置きに私が現れるので、次は店の裏から来いといわれた。店によっては100円とか200円とか要求されることもあった。いい若者が捨てる果物をもらって歩いていたのである。理由は話が長くなるのでいわなかった。果物は腐りやすく、かなりの割合で廃棄されることを知ったが、一番多いのはグレープフルーツだった。ダンボール箱そのままもらうこともあった。ところが、クマはこれをまったく食べない。すぐにカビが生え、白いボールになった。

11月に入り寒くなると、飼育中のクマはどこが頭かわからないほどまん丸くなった。寒くなってきたので、まん丸くなることで体表面積を減らしているのである。そんな時、京都大学霊長類研究所の河合雅雄教授のグループがニホンザルに発信器（テレメーター）を装着し放して、その行動を研究しているというニュースを聞いた。このクマに発信器を着けて放せば、冬ごもり穴まで追跡できると考えた。

河合先生の名はもちろん知っていたが、直接お会いしたことはなかった。私のことなどおそらくご存知なかったであろう。今思ってもよくそんな度胸があったなと思うが、ご本人に電話した。発信器装着はニホンザルでも初めてのこと、サルにはリュックのように背中に背負わせたが、クマにはどう装着するか、発信器もまだ市販されていなかった。河合先生は、ともかくクマを霊長類研究所へ送れ、それから考えようといってくれた。拒否されるかもと思ったが、考えてみようといってくれたのである。すぐに演習林のトラックをだしてもらい、クマを犬山にある霊長類研究所まで運んだ。冬ごもりの心配、餌の心配がなくなってほっと一息し、次がどう展開するのかうれしくなってきた。ずっと後になって知ったのだが、河合先生の『森の歳時記』(平凡社、１９９０）の中に、クマを引き受けて困った時の様子が書かれていた。

このクマについては、霊長類研究所の東滋さんが乗り出してくれた。発信器を装着するために、クマに麻酔をかけなければいけない。今では麻酔銃もあるが、どんな麻酔薬があるのか、どのくらいの量を注射

発信器をつけて放したクマ

するのか私にはまったく知識はなかった。春、戻ってきたクマは一回り大きくなっていた。

発信器は愛知県立大学の安藤滋助教授が試作したもの、送信器自体の重量はわずか4gだが、それをケースに詰めて9g、送信アンテナは40㎝のリード線をつけたホイップ・アンテナ、バッテリーは単1電池8個を繋いで重さ1・3kgの円形になった。これを首につけた。クマが首に浮き輪をつけているようだった。同時に左耳にビニールの標識をつけた。

1969年6月11日午後3時、林道終点の扇谷近くの草地で檻を開いてクマを放した。すぐ近くの天然林に入っていった。追跡は当時、京大理学部の大学院生であった水野昭憲、花井正光、小川巌さんたちが引き受けてくれた。2班に分かれ、定時刻にクマからの電波を受信する、2つの班の入力電波の交点にクマがいるということになる。

1日目、放逐後約2時間で600mの移動。2日目、上谷・下谷合流点付近を移動。3日目、わずかな移動。ところが4日目以降、電波をキャッチできず行方不明。8日目、演習林境を越え滋賀県朽木村キトク谷からの電波をキャッチ。その後、福井県側・滋賀県側も広範囲に捜索するも反応はなかった。演習林内での移動範囲は0・15㎢で、案外狭い範囲であった。活動の止まる時刻は夕方4時~5時15分であったが、あとで考えると、追跡グループは1日中、山に入っている、夕方には疲れ、お腹もへってくる。クマも同じで、ここでお休みと考えるのも当然だ。

しかし、13日夕方までいたものが、14日の朝にはいなかったのである。13日の夜、あるいは14日の朝、大きく動いたということになる。けものの行動は薄明薄暮に活発になるといわれている。夜・早朝の見張りを軽く見たのかもしれない。捕獲檻に扉が落ちると止まるデジタル時計をとりつけ、檻に入った時刻を記録したことがあったが、午前5時33分から8時36分と午後5時32分から11時20分であった。

捕まえたクマに発信器をつけて放し、その行動を調べたのであるが、直接観察しにくいけものの行動調査に発信器（テレメーター）を利用することはきわめて有効であった。もちろん、私一人でできる研究ではなかった。発信器の開発、麻酔方法、大きな檻に入ったクマの運搬、放逐後の追跡と、多くの方の参加・協力をいただいた。

日光男体山での放逐

1978年7月11日、栃木県日光の男体山と女峰山に挟まれた荒沢で東京農工大学農学部の羽澄俊裕、丸山直樹、古林賢恒さんらが、オス・メス1頭ずつ、2頭のクマに同時に発信器をつけて放した。麻酔法も発信器も随分改良され、電池もリチウム電池になっていた。オスは8月14日に発信器が回収されるまでに23点の位置確認ができた。放逐後26haの地域内で3日間過ごし、その後2㎞離れた地域38haで少なくとも10日間過ごした。メスは放逐後、3日で20haの狭い範囲で19地点が確認できたが、その後、消息を絶った。ところが、翌1979年6月、捕獲地点から約3㎞離れたところで子熊2頭を連れた首輪をつけたクマが目撃された。放逐されたクマの発信器は故障したものの、首輪は離れずついていたようだ。

私はこの研究班のメンバーでもあったので、日光まで応援に行った。私が到着したとき、数日間、動かないで同じ谷にいるという。邪魔しないように毎日、尾根を歩いて居場所を確認していた。参加して数日がたったが、まったく動かない。追跡者にとっては少々退屈だ。「見に行ってみるか」ということになった。放したクマを見に行くのである。クマは確実にいる。近づくにしたがい持っている受信機の受信音は次第に大きくなる。居場所は近い。それまで間隔をあけて歩いていた追跡班の面々は、気が付くと一塊になっていた。

現場は先まで見通せる谷底の平坦地だ。しかしいない、木の上にも姿はない。一塊の人の動きが止まる。「どこだ」とみんなの視線が集中する地面に首から外れた首輪があった。動かないはずだ、この首輪を毎日、今日も動かないと判断していたのである。一斉に落胆と安堵の歓声が上がった。

10 冬ごもり・越冬穴

クマは冬ごもりする。そのためには樹洞がいる。クマの生存には必須のものだ。冬ごもり穴に入るのはその年の気象条件による。早く雪が降るかどうかということだ。11月下旬に冬ごもり穴に入っていて捕獲されたこともあるし、逆に1月上旬に上谷で雪の中に続く足跡を発見したこともある。これをたどれば冬ごもり穴にいるクマを発見できると思ったが、時間がなかった。この年は雪が少なかったので、この時期に上谷まで歩いて行くことができ、足跡をみつけたのだ。

芦生では例年、根雪になる12月下旬には樹洞に入り、３月の中・下旬にでてくるとされている。根雪の上に足跡が残っている。出産は冬ごもり中なので、子グマを連れた母グマがでてくるのはもう少し遅れる。冬ごもり期間中に出産するのだから、冬ごもりできなければクマは生存できない。どんな穴を使うのか、原生林とはいえ、そんな穴がどのくらいあるのか調べることにした。

猟師は冬の間、越冬中のクマを探して歩く。どこに使えそうな穴があるか、どこで捕ったかよく覚えている。クマ猟でもっとも効果のある方法だ。クマが冬ごもりに使った形跡のある穴、クマを捕った穴を調付穴（ちょうづけ）、入った形跡はないが入れるだろう穴を初穴と呼んでいた。芦生ではブナ、ミズナラ、スギ、トチノキなどの大木にあいた穴（樹洞）をウロと呼んでいた。大木は中心部が腐りカステラのように柔らかくなっているし、さらに腐ると空洞になっている。中は空洞でも外側だけで生きている。しかし、これではクマは中に入れない。枝が腐ったり、クマハギの痕が腐ったりして外側に穴のあいたものでないと使えない。あの大きなからだだが、頭が入ればからだは入るという。

樹洞のほか、稀に倒れた樹木の下、曲がった根の下（ホケ穴）、岩場の割れ目（岩穴）、土の崩れたところにできた穴（土穴）にも入ると聞いたが、私自身では見ていない。北海道のヒグマは大きい。さすがに入れる樹洞は少ないようで、私が知床で見たものも、ネマガリダケの下に自分で掘った穴だった。

演習林で伐採を進めていた時代、伐採に先立って択伐予定地で全樹木の樹種、直径などを調査した。この調査に同行して、穴のあいた樹洞があるかをどうか調べたことがある。坂谷の43 haにはスギが５,６４８本、ブナが２,１８８本、樹木全体で１７,１４８本あったが、樹洞は５カ所、小野子谷の８ haではスギ１,５０９本、広葉樹３,１６２本、合計４,６８６本あったが、樹洞はなかった。ブナ・スギを主とする天然林でもクマの冬ごもりに適した樹洞は10 haに一つくらいだと報告した。案外多いのではと思った。こん

クマの冬ごもり穴

な調査、日本にはこれ以外にはないはずだ。

猟師はクマを捕ったことのある穴を人には教えないものだが、それを教えてもらって、その形状、すなわち、穴の開いている方向、入り口の穴のかたち、その高さ、穴の内部の大きさなどを調べたことがある。樹種はミズナラ、クリ、ヒノキ、スギ、ブナノキだったが、これらの樹種でないとクマが冬ごもりできる樹洞はないということだ。

『自然』(1971年7月号)で「ナチュラリスト登場」として、私を紹介してくれたことがある。「未知数多い芦生原生林で」として、新進気鋭の若手クマ研究者ということだったらしい。撮影には著名な自然写真家の岩合徳光さんが来られた。私がみつけたクマの糞、足跡、飼っていたヤマネ、湿原を歩く私などが掲載されたが、秀逸だったのは冬ごもり穴に入った私だろう。

この穴は芦生のコンビ猟師、井栗登さんと清水健次さんに無理をいって案内してもらったものだ。小ヨモギから対岸の尾根の上に大きなスギが一本見える。その根元にあった穴だ。対岸へ渡るのに橋はない。どうやって渡ったのか覚えていないが、急な斜面をカンジキをはいて登った。雪が積もっていた。私も若かったので、遅れないでついて登ったが、帰りは無理だった。二人は急な斜面をスキーのようにカンジキを滑らせ、あっという間に消えていった。私は一歩一歩、ステップを作りながら降りて、雪のトロッコ道を一人で帰ってきた。

場所はわかっていたので岩合さんをここまで案内したのだが、穴の入口は地際にあった。私が足から入って、頭まですっぽり入れた。樹洞の周囲から落ちてきた木くずが厚く積もり床はふかふかしており、どこからも雨が入らないようで乾いていた。天然林内に樹洞は結構たくさんあるといっていたのだが、自分がこの穴に入ってみて、こんな条件のいいところはない、やはり冬ごもりに使える樹洞は少ないと思った。『自然』7月号（1971）には「芦生とクマと私」という小文を書かせてもらった。

11　クマの写真を撮る

私の芦生でのクマ研究は一般にも認められたようで、執筆依頼を受け、『ツキノワグマの話』（日本放送出版協会、1974）、『クマ　生き生き動物の国』（誠文堂新光社、1988）の2冊が出版できた。その中にある足跡、円座、糞、越冬穴など、クマの行動を示す写真はすべて私が撮ったものだが、実際のクマの写真がなかった。以前、眼の前にクマでてきたことがあったが、カメラはリュックの中だった。この2冊の本の中に木に登ったクマの写真があるが、実はこれは芦生のクマではなく、群馬県谷川岳山麓の宝川温泉で撮ったものだ。この温泉では子熊を買い取り、宴会に子熊を出したり、野天風呂にクマと一緒に入れるのを売りにしていた。雪の研究やクマの研究でも知られる高橋喜平さんが、越冬中のクマの体温を計っ

やっと撮った芦生のクマ

たという話を聞いて、放し飼い状態のクマが木に登ったところを撮りに行った、それを使ったのだ。

１９７４年、大学紛争が収まりかけたころ、四手井綱英教授から林学科4回生だった小見山章、谷沢秀行、曽根晃一さんがグループで課題研究（卒業論文）として芦生のクマの研究をしたいといっているから相談に乗ってやってくれ、といわれた。大学紛争で課題研究どころではない時代だったが、彼らはやりたいという意思を示した。基本的には一人一課題だが、四手井教授はグループでの研究を許したのである。

事前の相談で、課題研究の論文にはやはりある程度のページ数がいるが、調査できる時間は限られている。そのためのデータはクマハギの実態調査でしか集められない、まずクマハギ調査をしようとアドバイスした。

芦生にクマはいるがまだ誰も写真を撮っていない。クマの写真を撮って論文のグラビアに掲載すればいいとけしかけた。当時、今のようなクマを感知し自

自動撮影で撮られたクマ（写真 玉谷宏夫）

動撮影する暗視カメラはまだ市販されていなかったが、連続撮影できるモータードライブはもっていた。小見山さんが器用にベニア板にピンセットを挟み、クマがこれを踏むとモータードライブのシャッターが落ちる装置を作った。

箱の中にカメラを置き、湿気でレンズが曇らないように乾燥剤（シリカゲル）を入れ、踏板とコードでつないだ。大きなクマが踏板を踏めば連続撮影できるものだ。しかし、モータードライブの電源である単一乾電池は1週間で完全に放電してしまうし、クマを寄せるナシやリンゴも腐るので、1週間に一度、成果確認と電池交換に通うことにした。車は私の自家用車をだした。

スーパーなどで傷んだ果物をもらってきて、カメラを上谷のクマのよく出没する谷沿いにおいた。踏板の上にナシやリンゴを置き、踏板を押してみる。テストだ。フラシュがパッと光る。操作は完璧だ。テストのあとはいくつものクマハギ被害地をまわり、それぞれの位置関係、被害木の直径、剝皮の方向、剝皮率、枯死率などを調べた。

匂いに敏感なクマがナシやリンゴに気づかないはずはないし、大きなクマの前足が乗れば連続でシャッターが落ちるはずだが、フィルムをチェックするとシャッターが1枚も動いていない。フィルムを新しいものと取り換え、古いフィルムでクマハギの写真などを撮った。

あるとき、フィルム1本、36枚全部が巻き取られていた。クマが踏板を踏んだのだと確信し、特急で現像にだした。ところが映っていたのはクマでなく、猟犬とハンターの下半身だった。猟犬はカメラに近づき、顔いっぱいのアップで映っていた。ハンターの顔は映っていなかったが、カメラがおかれていたことはわかったはずだ。

ノウサギの足跡

がっかりしたが、気を取り直し、せっせと通った。これで終了という11月のフィルムを現像するとその最初にたった1枚だけ、クマのお尻が映っていた。芦生で撮られた初めてのクマの写真だ。学生たちは卒業論文のグラビアにこれを入れたはずだ。

その後、赤外線自動カメラで小泉博保さんがクマの正面からの撮影に成功した。三度も同じ場所を通ったようで、小泉博保『森の仲間　京都の野生動物たち』(京都書院、1987)の表紙写真とともに、中に5枚の写真が載せられている。その後、玉谷宏夫さんからも、自動撮影装置で撮った芦生のクマの写真をもらった。

これらの研究の成果として、クマによるクマハギ、円座、糞などともにシカ、ノウサギ、キツネなどけもの類の足跡、食べ痕などを解説した『アニマルトラッキング』（山と渓谷社、１９８６）を出版することができた。トラッキング本の先駆けであった。また、芦生での生活から、『登山者のための生態学』（山と渓谷社　１９７９）と『森の動物学』（講談社　１９８３）を出版することができた。

VII 土壌動物研究

1 森林の土壌動物

芦生でカミキリムシやツキノワグマの研究をし、原生林を歩き回って楽しんでいたことは確かだが、私の本来の研究テーマ「森林の土壌動物」の研究もしていた。この話をぜひ聞いていただきたい。

大学院に入学したとき、四手井綱英教授が担任していた造林学講座は森林生態学講座と名称変更され、森林生態系での物質循環、森林の生産力研究が主テーマとなった。森林の面積あたりの樹木の現存量、すなわち、枝・葉、ときには根を含めた樹木の現存量、それに含まれる養分量、土壌中に蓄積されている養分量、生長量とそのために供給される養分量、落葉量などが数字として表わすことができるようになった。

一定面積当たりの樹木に着いている葉の量は、実際に樹木を伐り倒し、それに着いている葉を全部むしって調べた。これを「葉むしり」といっていたが、調査では朝から晩まで葉をむしった。私自身も秋田のスギ林、芦生のブナ林、九州湯布院のスギ林、川内のシイ・カシ林など何カ所もの調査に参加したが、著名な先生方と何日も合宿しての調査は楽しいものであった。

樹木に着いている葉の量（着葉量）はブナなど落葉広葉樹やカラマツなど落葉針葉樹ではその量はほぼ3t／haである。すなわち、毎年3t／haの葉がつくられ、それが秋に落ちてくる。その年につくられる新しい葉（新葉量）、着葉量、そして落葉量は同じである。しかし、マツ類では葉の寿命は2～3年、モミやツガでは5～6年も着いている。葉の量はマツ林では6～9t／ha、モミ・ツガ林では15～18t／haにもなるが、毎年、同じ量の葉がつくられ、同じ量の葉が落とされている。

森林の地表・林床には落ち葉が貯まる。秋、落葉時前に地表に落ち葉がなければ落ち葉は1年以内で消えている。ほぼ同量貯まっていれば落ち葉の分解・消失に2年かかる。落ちてくる量と地表に貯まっている量の比が落ち葉が何年で消えるかを示している。これを落葉の平均分解率といっている。

大学院での研究テーマにしたのが、土壌動物の森林生態系での役割・はたらきであった。しかし、当時、土壌中にはどんな動物がいるのか、どうやって調査するのかといったことの参考書はドイツ語や英語のものしかなかった。そこには「土の中にはわからんものがいっぱいいる」と書かれていた。実はこれは今でも同じだ。わかっていないこと、わからないことがまだまだいっぱいある。

森林では毎年一定量の葉が落ちてきて地表・林床に貯まり、一定量の葉が分解され消えている。地表の堆積量は一定だ。落ち葉は最終的にはカビ・バクテリア類の働きで無機物に還元される。それには気温が大きく影響している。北の方の森林には落ち葉が厚く貯まり、南の方の森林では少ししか貯まっていないことでそのことがわかる。そこにはマイマイ、ミミズ、ダンゴムシ、ワラジムシ、ヒメフナムシ、ヤスデ、シロアリなど落ち葉を食べている動物がいる。落ち葉の消失・分解が最終的にはカビ・バクテリアの働きによるもので、気温（温度）が大きく関わるとしても、土壌動物が関与していること、土壌動物が食べることで落ち葉が早く消えるのはまちがいない。落葉の平均分解率と土壌動物の関係を明らかにしてみようと思ったのである。

オカダンゴムシ

2 各地の森林で土掘り

仕事自体は簡単だ。土を掘り、そこにいる動物をピンセットで採集すればいい。これをハンドソーティング法といっている。大型土壌動物（マクロ・ファウナ）調査の場合、それはまったくの肉体労働だった。林床に50㎝四方のプロット（コドラート）を設定する。25㎝四方では小さすぎて、掘っている間にミミズやヤスデが逃げてしまう。1m四方では大きすぎて時間がかかる。場所ごとのばらつきを知るには大きなプロット1個よりも小さなプロットをたくさんとったほうがいい。結局50㎝四方のプロットを10カ所掘ることを基準にした。あまり近すぎないように、せいぜい20m×20mの範囲に設定した。

対象の土壌動物を大型土壌動物、すなわち肉眼で見えるもの、体長2㎜以上の大きなものに限定した。昆虫の仲間のトビムシにも大きなものもいるが、この仲間の多くは2㎜以下なので、トビムシやササラダニは含めないことにした。土壌動物全部を採集しようとするのだから、動物がいなくなる深さまで掘らないといけない。森林でも尾根部では深さ30㎝も掘れば礫がでてきて動物はいなくなるが、斜面下部や谷部では60㎝、ときには80㎝も掘らないといけなかった。

地表に石のでていないところ、アリの巣のないところ、樹木の根元近くなどを避け、プロットを決め、ビニールシートを広げ、この上に、まず落葉層を移し、その中にいる動物をピンセットで採集し、アルコール液の入った管瓶に入れる。ついで、土壌を深さ10㎝ごとにビニールシートの上に掘りだし、動物がいなくなる深さまで採集する。これで土壌中の土壌動物の垂直分布がわかり、どのくらいの深さまでいるのか、深いところには何がいるかがわかった。慣れてくると黄色のレモン型のミミズの卵包もみつかった。

森林ごとにでてくる動物がちがうなど、調査しながら理解していくのは楽しかった。

作業は単純で、動物を採集するのは楽しいといったが、1林分10カ所の土堀りには数日はかかる。朝から夕方まで暗い森林の中で一人、黙々と土堀りをしていたということになる。考えてみれば寂しい青春時代を送ったものだ。採集できた動物は研究室でグループ分けし、その重さ（現存量）を量った。

北から南まで、いろんな森林で、そこに貯まっている落葉量を計りながら、土堀りをした。北海道大雪山のハイマツ、ダケカンバ、アカエゾマツ、アカエゾマツ・トドマツ・ダケカンバ混交林、長野県志賀高原のダケカンバ、オオシラビソ・コメツガ混交林、木曽駒ケ岳のオオシラビソ、アカマツ、阿智村のカラマツ、ストローブマツ、奈良大台ケ原のトウヒ、ウラジロモミ、ブナ、ブナ・シャクナゲ混交林、京都大文字山の混交広葉樹林、広島県協和村のアカマツ、和歌山県清水町のモミ・ツガ混交林、和歌山県白浜町のシイ・ツバキ、シイ・ナギ林、高知県魚梁瀬のスギ天然林、鹿児島県川内のシイ・カシ林、沖縄県西表島のイタジイ林、そして、多くの調査をした芦生ではゴヨウマツ、ブナ、ミズナラなどの天然林、ブナ・ミズナラ・スギ混交林、ミズナラ・ウラジロガシ混交林、スギ人工林、トチノキ林、ススキ草地、竹林など、いろんな森林タイプで土壌動物を調べた。日本広しといえども、掘り返した土の量はイノシシについで私だろう。イノシシは掘りっぱなしだが、私はちゃんと埋め戻しておいた。

予想通り、亜寒帯針葉樹のハイマツ林ではわずか56個体／㎡、アカエゾマツ、オオシラビソ・コメツガ混交林で250個体、温帯落葉広葉樹林のブナ、ミズナラ林などでは200～500個体、暖帯常緑広葉樹林では多いところでは1,400個体／㎡にも達した。場所ごとでのちがいも大きく、最大値と最小値の差が大きくなるということである。現存量でもハイマツ林では0・8ｇ／㎡、亜寒帯針葉樹林で0・2～10ｇ、温帯落葉広葉樹林で3～20ｇ、暖帯常緑広葉樹林では50～150ｇ／㎡にも達している。現存量でも最小値と最大値の差が大きくなるが、南へ行くほど、たくさんの土壌動物がいることは確かであった。

現存量には大きな動物、すなわち、ミミズ、ヤスデ、ムカデ、セミやコガネムシの幼虫の出現が効いているが、やはりミミズがいるかどうか、たくさんいるかどうかで現存量は決まった。

そこに貯まっている落ち葉の量はハイマツ林で75・1／ha、オオシラビソ・コメツガ林で40・3〜11・4t、ブナ林7・7〜11・7t、シイ・ツバキ林3・6〜7・3t／haといった値であった。場所ごとでのばらつきが大きいが、落葉量を3t／haとすると、計算上はハイマツ林で25年、オオシラビソ・コメツガ林で13〜38年、ブナ林で2・5〜3・9年、シイ・ツバキ林で1・2〜2・4年分の落ち葉が貯まっている、分解・消失までにそれだけの時間がかかることを示している。

落ち葉自体は土壌動物にとって食料でありすみかでもあるが、落葉堆積量の少ないところに動物が多いのは、これらが食べていることの証拠であろう。落葉の消失にはミミズ、ヤスデ、ダンゴムシ、ワラジムシ、ヒメフナムシなどが大きな役割を果たしている。オカダンゴムシにコナラ、オニグルミ、クワ、アラカシ、シナノキ、ツバキ、ダイズなど、いろんな葉を与え、どれから食べるかをシャーレで飼育しながら調べたことがある。まず、ダイズ、クワ、シナノキなどを食べ、これらがなくなるとクリ、クルミ、最後にアラカシ、ツバキなどを食べた。葉脈だけを残し、きれいに食べ、シャーレには糞だけが残されていた。

オカダンゴムシにヒメヤシャブシを与えての飼育実験では温度によって摂食量がちがったが、オカダンゴムシ1gで1日あたり30℃で115〜210㎎、20℃で94〜160㎎、15℃で44〜62㎎であった。温度が高いほどよく食べている。

しかし、これら土壌動物の消化率は大きくない。消化率はせいぜい20％である。すなわち、食べたものがすべて消えているわけではない。粉々になっても、その80％は糞として排泄されている。ところが1枚の葉が粉々になれば、その表面積は数万倍にも広がることになる。カビ・バクテリアの活動範囲を広げることになり、無機物への転換を促進する。たくさん落ち葉の貯まっているところ、消失の遅いところに土壌動物が少ない。少ししか貯まっていないところに土壌動物が多いのだから、やはりそこには土壌動物がたくさんいること、土壌動物による摂食が効いていると結論づけていいのだろう。

3　芦生での土壌動物研究

芦生ではまず、スギ人工林で2カ月ごとの季節的変動を調べた。個体数・現存量は6月にやや大きくなるものの、夏と冬を比較してもそれほど差はなかった。これは多くの土壌動物が周年生息することによるのであろう。ついで、一斜面での植生のちがいでの土壌動物を調べた。植生のちがいは土壌条件・水分条件のちがいを反映するものである。谷部はトチノキ林、斜面下部はブナ林、斜面上部は天然スギ林、尾根部はゴヨウマツ林であった。土壌タイプも異なったし、落葉の堆積量もトチノキ林で11・7t、ブナ林で7・7t、スギ林で23・8t、尾根部のゴヨウマツ林で95・3t／haであった。土壌動物の個体数・現存量はトチノキ林で124・3個体、6・6g／㎡、ブナ林で83・8個体、3・2g、スギ林で42・5個体、1・2g、尾根部のゴヨウマツ林ではわずか33・5個体、0・3gであった。谷部・斜面下部では深さ50㎝まで土壌動物がいたが、尾根部では30㎝までしか掘れず、そこにもわずかしかいなかった。

一斜面に植えられたスギ人工林でも、斜面下部では577個体、13・4g、中腹では673個体、7・8g、斜面上部では377個体、4・2g／㎡であった。植生とともに、土壌条件・水分条件も大きく影響していることがわかった。

天然スギを主とする混交林を伐採し、スギ林に転換した場合の土壌動物の変化を調べた。土壌動物の個体数は天然混交林に多かったものの、現存量はスギ新植地、幼齢林、壮齢林ともに大きくなった。ヤスデ、ヒメフナムシ、ダンゴムシなどが減少し、オカトビムシが増えるなどの変化があった。とくに、新植地はススキが生えるなど、一時、草地状になる。ミミズ類もスギ林に多くなった。マダケ林、ドイツトウヒ林とブナ林を比較してみた。マダケ林は個体数33・8個体、現存量4・7g、ドイツトウヒ林60個体、3・3g、ブナ林26・8個体、1・8gであった。

サクラミミズの卵包

土壌動物の垂直分布を見ると、もちろん、落葉層にヤスデ、ムカデ、ダンゴムシ、ワラジムシなど多様な動物が生息し、土壌中には自ら土を掘れる大型のもの、すなわち、ミミズ、コガネムシ幼虫、セミ幼虫などがいる。トビムシやササラダニなど小さなものでは土壌中ではわずかな孔隙でも生息できる小型のものがより深くからみつかるというが、大型動物では深いところには数は少ないが、からだの大きなものが生息している。

4 ミミズ研究

土壌動物のはたらきに落葉の粉砕・分解とともに、土壌の撹拌・耕耘がある。人が耕さない森林の土でもその50~60%は隙間（孔隙）である。この孔隙が深くまであれば、土壌動物が深くまで生息でき、より孔隙をつくり、そこに育つ作物や植物の生長を促す。土はスポンジのように穴だらけなのだが、その孔隙は土壌動物がつくりだし、維持してくれている。

ミミズがいる土はいい土、ミミズがいい土をつくってくれるとは昔からいわれている。土壌動物の代表としてミミズの土壌耕耘へのはたらきを数字で示してみたいと思った。ミミズがどのくらいの土を動かしているのかということである。しかし、どうやって調べたらいいのだろう。その調査のアイデアはすでにチャールス・ダーウィン（Charles Darwin）が示し、ミミズが動かす土の量を報告していた。

ダーウィンは１８８１年「The formation of vegetable mould through the action of worms」（渡辺弘之訳『ミミズと土』平凡社、１９９４）を出版するが、その中でミミズの土壌耕耘のはたらきを２つの方法で確かめている。一つが白亜を自分で地表に撒き、そこを29年後に自分で掘ったのである。白い白亜の線が地表から18㎝の深さのところにあった。白亜が1年で０・６㎝ずつ沈んでいったのである。ここにいるのはヨーロッパに広く分布するオウシュウツリミミズ（*Lumbricus terrestris*）であるが、糞塊を地表に排出する習性がある。地表に白亜があればその上に糞を排出する。白亜が次第に土の中に沈んでいくということになる。

もう一つが、地表に排出される糞塊を回収する方法である。協力者の女性が、イギリスで1ヤード平方のプロットで1年間、地表にでる糞を毎日回収し、１１８・７ｔと39・８ｔ／haという、ミミズによる土壌耕耘量を数字で示したのである。日本でもクソミミズ（*Pheretima hupeiensis* = *Amynthus hupeiensis*）が仁丹のような糞粒を地表にだすことは知っていたが、調査に適当な場所がなかった。クソミミズとは気の毒な和名をつけられたものだが、少し青みがかった黒褐色のミミズで最大15㎝ほどになる。触ると他のミミズなら長く伸びて逃げるのに、ぐにゃぐにゃした塊になり、きついミミズの匂いをだす。触ったことのない人にはわかってもらえない、言葉では表せない悪臭である。和名をダンゴミミズとかニオイミミズにしたらという意見もある。これは都市域の草地、芝生、田畑の周辺、道路の路肩、ゴルフ場のグリーンなど裸地、明るいところに生息している。

クソミミズの原産地は中国湖北省だが、分布は中国、朝鮮、日本という極東地域の一部に限られている。このミミズも中国湖北省にいたものが、日本へ何らかの理由で運ばれてきた、つまり日本のクソミミズは外来種ではないかとも考えられている。栗本丹洲『千蟲譜』（1811）にミミズが3匹描かれているが、からだを伸ばさず、塊になっているものがいる、あるいはクソミミズではないかと思っている。となると、江戸時代後期にはすでに日本に侵入定着していたということになる。

クソミミズは日本のミミズでは最もよく地表に糞塊を排出する。糞は仁丹状の小さな丸い粒だが、それを高さ1㎝くらいまで盛り上げる。そのクソミミズがたくさんの糞塊をだしているところを、芦生演習林でテニスコートに使っていた、クローバーやオオバコのはえる草地でみつけた。ここなら宿舎からも近く、勤務後の夕方でも糞塊を回収できる。毎日の回収も可能だ。日本で初めてのミミズによる土壌耕耘量が示せると思った。

この糞塊をみつけた翌年、1968年の春、まだ糞塊がでてくる前に1㎡のプロット10個を設定した。4月中旬、期待通り糞塊が出はじめた。ほぼ毎日糞塊を回収した。糞塊の排出は10月初旬までであった。ピンセットで糞粒を掴み、スプーンの上にのせるのだが、熱い夏、地表に座りこんで糞塊を回収していると集中力がなくなり、糞粒が掴めなくなった。おまけにひどい吐き気がして、あたりが暗くなっていった。今思えば熱中症だったのだろう。

糞塊が地表にでるクソミミズの活動期間中は深さ10㎝までに生息していた。糞塊生成量をほぼ毎日計りながら、プロットの外で土を掘り、ミミズの生活史、体重組成の変化や生息する深さ、糞塊と周辺の土壌の性質などを調べた。雪解け後の4月下旬には重さ100mgから1,200mgまでのさまざまな大きさのミミズがいたが、6月初旬になると50mg以下の小さなものが突然でてきた。この時期に孵化したことを示している。新生個体は7月には100～150mgまで生長、10月には200～400mgになり、このまま越冬する。ほぼ同じ時期に孵化しても生長差が大きい、あるいは孵化の遅れたものが次々と加わっているのかもしれない。6月初旬をみると100mg以下の小さな個体、250～850mgのもの、そして数は多くないが1,000mgを越える個体がいる。

100mg以下の小さなものはこの年の春に孵化したもの、250～850mgのものは昨年孵化し、越冬してきたものだろう。わずかにいる1,000mg以上の大きな個体はやはりもう1年前のもの、2年生だと思える。多くは1年で死ぬがわずかに満2年生きるものがいる。

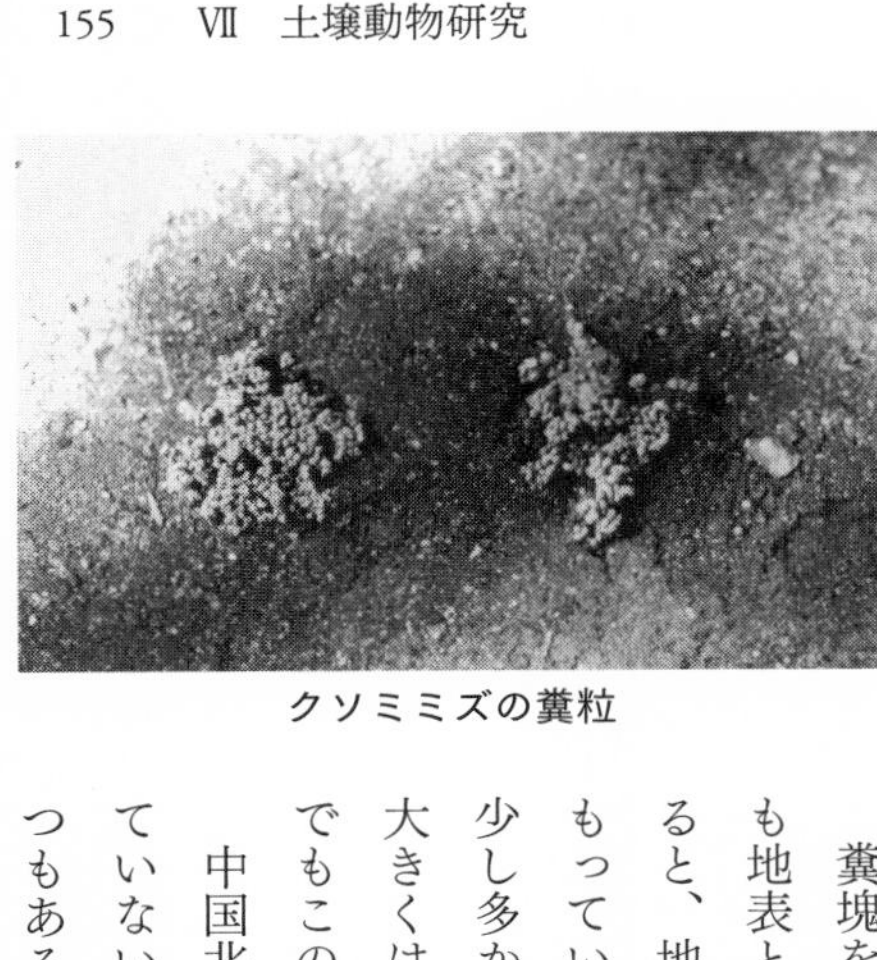

クソミミズの糞粒

糞塊を地表に排出する4～10月の活動期間、ミミズは地表近くに、それも地表と平行に生息している。地表に糞塊のでなくなった11月に掘ってみると、地表から30cmまで、多くは10～20cmの深さにいた。1月末、雪の積もっている中で掘ったら、10～70cmまで、ほぼ均等にいたが、50～60cmに少し多かった。こんな深くまで移動するのだ。垂直移動での土壌耕耘量は大きくはないだろうが、ここまで耕すということだ。トラクターや耕運機でもこの深さまではとても耕さないだろう。

中国北部・朝鮮・日本にしか分布しないクソミミズの生態など誰も調べていないと思っていたのだが、研究報告が、それもアメリカでの研究が2つもあることがわかった。当時、パソコン、インターネットはまだなく、文献の検索は関連する論文を読み、参考文献に関連するものがあると、さらにそれを読み、研究状況を知るしかなかった。

このクソミミズがアメリア東部、コネチカット州・ニューハンプシャー州に1937年頃侵入、15年後にはかなり広い地域に拡散・定着したという。ゴルフ場に発生し、グリーンの上に排出される糞塊でゴルフボールやシューズが汚れるので、殺虫剤で防除する方法を述べたものと、室内でその活動に及ぼす温度について述べたもので、活動の適温は15〜23℃、致死温度は24・9℃とされていた。ゴルフ場の芝生は高麗芝がいいとされるが、種子を播種するのでなく、土のついた芝生そのものを輸入したのである。土の中にはここに好んで生息するクソミミズの卵包や幼体が入っていたということであろう。現在、クソミミズは北アメリカのほか、オーストラリアにも定着している。

5 ミミズの糞塊生成量・土壌耕耘量

4月中旬、糞塊が出はじめ10月初旬には出なくなった。排出量は6月にもっとも多くなり、1カ月に乾重で1kg／㎡を越えた。その後8月まではかなり多くの排出があったが、9月に入ると急に少なくなった。活動期はほぼ6カ月であった。プロットの外で1個体だと識別できる糞塊を除去し、その後24時間以内にでてきた糞塊量とそこにいたクソミミズ個体重を調べてみると、たとえば、1,000㎎の大きなものでも4月には1日で1g、5月には5g、6月には7〜8g／㎡にも達した。同じ体重で夏に排出量が多くなった。

1年間、といっても実際は6カ月であったが、この期間に排出された糞塊は1㎡当たり2・3〜6・

1kg、平均3・8kgであった。これだけの量の土を地表へ運び出した、動かしたということである。この量は、表層土の容積重、すなわち一定容積の重さから換算して、土壌3・1ℓに相当する。土の中にこれだけの隙間、穴をあけたということである。1㎡に1ℓのペットボトル3本分の穴をあけたということである、この数字には驚かれよう。さらに、この糞塊が崩れ、地表にならされると、3・1㎜の厚さになる。すなわち、3・1㎜の新しい土の層をつくったということである。

さて、そこにどのくらいの数のミミズがいたのだろう。糞塊調査中は掘り返せない。地表への糞塊の排出のなくなったあと、11月はじめ、掘ってみるとクソミミズは4～25個体、平均12・9個体、重さにして4・2g／㎡であった。6月には新生個体が加わったはずだし、ミミズも生長したはずなのだから、4月から個体数が同じだったはずはないが、こんなわずかなクソミミズの生息数で3・8kg／㎡、3・1ℓの土を動かしたのである。私自身、この値にはちょっと驚いた。

ところが、ここにはサクラミミズが17個体、3・4／㎡もいた。さらにわずかではあるが、大型のヒトツモンミミズもいた。サクラミミズはやや地中深くに生息し、糞塊を地表にはださないし、ヒトツモンミミズは雨の後などに大きな糞塊をだすことがあるが、いつものことではない。これら2種のミミズの糞塊はまったく回収されていない。これらの糞塊量、土壌耕耘量がわかれば、ここでのミミズによる土壌耕耘量はもっと大きな値になるはずである。

さらに、ここにはミミズ以外に、コガネムシ、ガガンボ、ハンミョウなどの幼虫もいた。これらの動物によって動かされる土の量を加えればさらに大きくなるはずだが、ちょっと推定の方法がない。しかし、土の中は隙間だらけだということが理解できた。

クソミミズによって、3・8kg、3・1ℓ／㎡の土が動かされていることを示し、ミミズによる土壌耕

クソミミズ

耘の働きのすごさを強調したのだが、実はこの値は最低値だといっておかないといけない。すなわち、糞塊は雨や乾燥で簡単に崩れる、そのことを考慮しないといけないし、もっと気になることはミミズが食べた土をすべて地表にだしているかどうかである。土を掘ってみると、トンネルの中にたくさんの糞塊が残されていた。これらはまったく回収されないということだ。

深底シャーレでクソミミズを飼育してみたが、土の中に残っている糞塊は表面にだされた量の5倍もあった。シャーレで飼育という条件下での値であったが、単純にこれを当てはめると、クソミミズは得られた値の5倍、あるいはもっと大きな量を動かしていたのかも知れないということになる。

排出された糞塊と生息地の土壌について粒径分析など理学的性質と、窒素、カルシウム、マグネシウムなどの含有量など化学的性質を調べてみた。生息地の土壌には直径2㎜以上の礫（砂粒）があるのに、糞塊の中にはこのような大きな礫はまったくなかった。一方、直径0・2㎜以下の細かい粘土は多かった。この結果からみれば、ミミズが大きな粒径の土を食べて砕いているとも理解できる。実際、それまでの研究でも同様な結果が得られ、ミミズの砂嚢で、さらには長い消化管を通過する間に砂粒がこすられ、砕けるのだとされていた。しかし、これはミミズは大きな粒の砂を食べないだけのことではないかと思った。

さらに、糞塊と生息地の土壌の化学的性質を比較すると、pH値、炭素、窒素、カルシウム、マグネシウムの含有量がいずれも糞塊の方が高かった。これまでにもミミズの糞塊の方が養分量が多いという分析結果がだされている。このことからミミズの糞塊は養分に富み、肥料になるともいわれている。実際、園芸店でミミズの糞が売られている。しかし、その含有量の差はわずかなものである。畑やプランターに糞粒をぱらぱらと撒いたくらいでは効果はでないだろう。ところが、売られているミミズの糞には化学肥料を混ぜているという、これなら効果があるはずだ。

生息地の土壌にくらべ、ミミズの糞塊の方が養分量が多いことは確かであるが、もともとない元素が増えることはあり得ない。鉄が金に変わるわけではない。これもミミズはやみくもに土を食べているのではない、落ち葉や根の腐ったところなど養分の多いところを選択的に食べているためであろうと結論づけた。

この論文は土壌動物学の国際誌「Pedobiologia 15」（１９７５）へ投稿、掲載された。掲載後、リプリント請求のハガキがたくさん来た。芦生でのクソミミズの耕耘量推定に多くの研究者に興味をもってもらえたようだ。

6　種類の解明

芦生演習林のあちこちで土掘りをし、土壌動物を調べ、クソミミズでミミズの土壌耕耘量を調べたのだが、どんな種類がいたのかがまったく述べられていない。当時、種名がわからなかったのである。昆虫でも土の中にいるものはトビムシ、カマアシムシ、イシノミなど小さく翅をもたないものが多い。昆虫図鑑でもこれらの仲間は少ししか載っていない。

大きなものでも土の中からは幼体・幼虫ででてくる。成虫なら同定できても、幼虫ではわからないものが多い。たとえば、セミでも、成虫ならアブラゼミ、ニイニイゼミ、クマゼミは子供でもわかる。しかし、幼虫だとなかなかわからないであろう。

ザトウムシ

1960年代、土壌動物研究をはじめた当時、落ち葉を食べているササラダニは日本からわずか7種しか知られていなかったが、その後青木淳一さん（横浜国立大学名誉教授）が一人で300種以上の新種を発見し、現在550種以上が記載されている。ダンゴムシ、ワラジムシ、ヒメフナムシなど、等脚類といわれるも戦前は10種ほどであったが、富山市立科学博物館長を務められた布村昇さんによって現在150種が確認され、最終的には300種になると予想されている。日本に何種いるか予想できる、全体像が見えてきたという段階である。

土壌動物の分類はこの50年で大きく進んだ。分類研究者の努力の結果であるが、その成果が青木淳一（編）『日本産土壌動物検索図鑑』（東海大学出版会、1991）と『日本産土壌動物　分類のための図解検索』（東海大学出版会、1999）である。これで種名が、あるいはどの仲間かがわかるようになった。しかし、体長30㎝にもなるミミズはどれも細長く、体色も黒褐色で、体表に付属器官もなく、内部形態を調べないといけないなど、まだ簡単には種名を決定できない。

私は退職後、どんな土壌動物がいるのか調べようと、研究許可をもらい、年に数回芦生に入林して調査を続けてきた。芦生からはたくさんの動物が新種記載されており、土壌動物にも新種がいるはずだとの思いが強かったのである。

芦生から新種記載された土壌動物には、1975年に塚本次郎さんによって採集され、布村昇さんによって新種記載されたニホンチビヒメフナムシがいる。ヒメフナムシは海岸の突堤を走り回るフナムシに似ているが、それよりももっと小型のものである。これが森林の落ち葉の中にいる。その後、チビヒメナナムシは鳥取、石川、滋賀県などでもみつかっている。ところが芦生では、ヒメフナムシはどこにもいるのに、ニホンチビヒメフナムシがみつからない。こちらはどうも土壌深くにいるようである。

海岸に流れ着いた海藻を動かすと跳び出てくるハマトビムシの仲間のオカトビムシ（ヒメハマトビムシ）も海岸から遠い森林の落ち葉の中にたくさんいる。芦生の森林落葉層からも普通にでてくる。

２０００年7月、トチノキ平で私が採集したワラジムシは、同様に布村昇さんによってアシュウハヤシワラジムシとして新種記載された。本種はトチノキ平や野田畑谷のトチノキの樹幹の浮いた樹皮の下にいる。現在のところ、芦生以外からはみつかっていない。

他にも、ササラダニの仲間のアシュウタマゴダニとキレコミリキシダニが金子信博（福島大学教授）・青木淳一さんによって芦生から新種記載されている。落ち葉を食べるダニで人の血は吸わない。ていねいに調べたら、この仲間にももっとたくさんの新種がでてくるのであろう。

私が興味をもって調べた大型土壌動物では、ミミズ類はシーボルトミミズ、クソミミズなど15種が確認できたが、4種の種名がまだ確定できない。新種の可能性があるといわれている。マイマイ（カタツムリ）類では為金現さんが調べ、カワニナなど水生のものも含め34種を記録されているが、森林からもニシキマイマイ、オオケマイマイなど15種が追加確認できた。

からだは小さいが尻尾のないサソリそっくりのカニムシはアナガミコケカニムシ、チビカギカニムシなど6種が確認できた。ワラジムシ・ダンゴムシ・ヒメフナムシではオカダンゴムシ、アシュウハヤシワラジムシなど6種、外来種のオカダンゴムシは須後にいる。長い脚をもつザトウムシはアカサビザトウムシ、トゲザトウムシ、コブラシザトウムシなど14種が採集できた。

ムカデ類はイッスンムカデ、サカヨリヒトフシムカデなど21種が採集できたが、イッスンムカデ、イシムカデ、タカラジマジムカデの仲間に芦生でしかみつかっていないものがいる。新種らしいのだが、記載には雄個体がいる。雄個体と種内変異を知るため、もう少し採集して欲しいといわれている。ヤスデ類ではアマビコヤスデ、オカツクシヤスデなど14種が採集できているが、これにも種名を確定できないものがいくつもある。大型のトビムシはトゲトビムシとデカトゲトビムシだった。赤崎のトロッコ道そばの谷からの土砂の堆積場にガロアムシがいるが、これも種名を解明できないでいる。

新種発見といいたいのだが、既に述べているように土壌動物の分類・同定は簡単ではない。それでも芦生では私の調査で初めて、芦生に生息する土壌動物の種類の一部を示すことができた。

芦生での土壌動物、ミミズの研究から、『土壌動物の世界』(東海大学出版会　1978、2002)、『ミミズのダンスが大地を潤す』(研成社、1995)、『ミミズ　嫌われもののはたらきもの　東海大学出版会、2003』、『土の中の奇妙な生きもの』(築地書館、2011)、『ミミズの雑学』(北隆館、2012)などが出版できた。

Ⅷ　芦生今昔・将来

1 景観の変化

原生林が沈んでダム湖になることなく、ブナ林の新緑や紅葉を見ることができ、芦生演習林を含む区域が丹波高原国定公園第一種保存地域に指定されたことはうれしいのだが、芦生原生林を歩いての大きな違和感、昔とのちがいを感じる。それは長治谷小屋がなくなっている、林道が通じ杉尾峠まで車で行けるといったことでなく、景観上の大きな変化である。すなわち、ササ（ネマガリダケ）の藪がまったくなくなっていることだ。

かつて、静かなブナ林の枕谷をつめ、三国峠へ登りはじめると急な斜面の背の高いササ藪の中を通った。歩道から数mのところで座り込んでいても、通る人が気がつかないほどだった。そこが今ではササがまったくなくなり、谷底まではっきり見える。一カ所ある崖を横切るのが怖い。以前は小学校の遠足にもよく使われたルートだが、現在は台風で荒れている。２０２０年に行ったときは、登りはルートを変えてなんとか三国峠山頂についたのだが、帰りは安全をとって朽木生杉へ下り、林道を帰ってきた。

ササや背の低い灌木の密集するところを通り抜けるのを、藪漕ぎとかジャンジャンとかいったが、芦生にもそんなところがたくさんあった。太いササは踏みつけても起き上がってくるし、グループの前の人が踏んだササがとび上がってきて、頬をたたくこともあった。体力を消耗するところであった。一度など、藪漕ぎ中に腕時計の蓋ガラスが割れ、気がついたら針がすべてなくなっていたこともある。

このササ藪はタケノコ採りの場でもあった。芦生ではスズコと呼んでいたが、皮をむいても親指くらいの大きさのタケノコだ。その採集時期はせいぜい１週間であった。まだ残雪の残る中で、枕谷へタケノコ

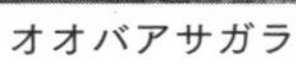

オオバアサガラ

イワヒメワラビ

オオバアサガラの花

採りに行った。といっても。せいぜい1年に1回のことだ。流れ込む谷の奥は一面のワサビだった。妻礼子が訪ねてきた友人数人とここでタケノコを採り、それをビニールシートに包み、そこにおいて三国峠まで往復してきた。以前何度か二人で行ったこともあり、ルートを間違えることはないコースであった。ところが下りてくるとビニールシートが開けられ、タケノコがばらばらになっている。「誰、こんなことするの？」「クマだー！」と大慌てで帰ってきたことがあった。よくこんなところへ少人数で行ったものだ。

ササ藪は人が入ればすぐにわかる。秋、ササ藪の中に人が入った痕を探す。これをたどっていくとたいていナメコがある。誰かが採ったばかりのその日はだめだが、数日後に行ってみると取り残したナメコが大きくなっている。私が会得したナメコ探しの極意である。しかし、最初にみつけた人にとっては、取り残したものが大きくなったはずだと来てみると、小さなものしか残っていない。誰が採ったのだと、がっかりしたことだろう。

2 楽しかった下谷

歩いて楽しかったのは、ケヤキ坂を越えオホノ谷、ノリコの滝の横を下って、岩壁のシャクナゲ・ヤマグルマ、大木のあるトチノキ平、大カツラを通って上谷との出会いまでの下谷だった。ノリコの滝とは昭和15、16年（1940～41）頃に実習に来た学生がつけたという。しかし、勝手につけただけでは名は残らない。墨で「ノリコノ滝」と書いた板があったのを覚えている。上谷は谷の幅が広かったのに対し、下谷は谷幅が狭く文字通り谷底を歩いた。いくつもの丸木橋がかかっていた。現在は左岸の高いところに林道がつけられ、トチノキ平と大カツラで谷に下りるくらいだが、下谷の旧道は渓流に沿って歩いた。

渓流の植物

流れ込む小さな沢にはトチノキ、サワグルミ、カツラなどの下に、フキ、ヤブレガサ、ヤグルマソウ、ミズ（ウワバミソウ）、チャルメルソウ、モミジチャルメルソウ、モミジガサ、ワサビなど水辺を好む草本が生えていた。ところどころにバイケイソウやサンヨウブシ（トリカブト）などの群落があった。

そのササがどこもまったくといっていいほどなくなっている。景観の変化とはそのことだ。原因はシカによる摂食だという。ササの一斉開花は昔から各地で起きていた。ササは一斉に開花・結実し、枯れてしまう。ササの果実は小麦にも似たもの、会津福島の民謡会津磐梯山の「笹に黄金がなり騒ぐ」というのも、ササの一斉開花を歌ったものである。ササの実は食べることもでき、救荒食にもなったという。落ちた実は発芽し、ササが再生するのである。しかし、芦生では開花結実でなくシカの摂食によってササが消えた。これではいくら待ってもササは回復しない。

今では一面のイワヒメワラビの中にオオバアサガ

ラだけがせいせいと伸びている。シカがイワヒメワラビを嫌うのはなんとなくわかるが、オオバアサガラを食べないのは不思議だ。薄い大きな葉をつけ、小さな白い花をシャンデリアのように垂らす。花はきれいなものだ。葉が堅いとか棘があるといったものではないので、やはり嫌いな物質、シカにとって有毒なものが含まれているのだろう。なぜこれを食べないのかは興味ある研究課題だ。

シカは樹木ではクサギ、テツカエデ、サワグルミも嫌うようで、これらの稚樹だけが残っている。イワヒメワラビとともに場所によってはコバノイシカグマがはびこっている。湿地ではバイケイソウ、サンヨウブシ（トリカブト）、イ（イグサ）などが繁殖している。アシウテンナンショウなどテンナンショウ類も好まない。これらを不嗜好植物という。

イワヒメワラビとオオバアサガラばかりということは野鳥にとって食べものがないということ、昆虫にとっても限られたものしか生息できないということである。自然の宝庫、多様な生きものの生息地といいながら、こうした植生の変化が芦生の魅力・価値を大きく低下させているのではと心配している。

3 芦生ダム建設問題の発生

昭和41年（1966）4月、京都大学助手として芦生演習林（現研究林）へ赴任してすぐ、林内を知るためと、あちこち一人で自由に歩かせてもらった。由良川源流の七瀬～中山間も、最上流のヒックラ谷・上谷など実習で何度も歩いているが、通ったのは歩道だけだ。赴任してすぐのこと、一度、中ノツボの谷へ入り込み迷った。霧が深くて遠望が利かない。ナタで木に傷をつけながら帰り道を探した。滝・絶壁のある谷へ下りてはいけないと尾根を進んだのだが、歩いていくと自分がつけたナタの傷があった。あっと息をのんだ。完全に方向を失っていたのだ。さすがに慌て、一度は座り込んだ。

お昼近かったが、弁当を食べる余裕はまったくない。気を取り直し、谷に下りないようにナタでつけた傷痕から判断して、こっちだという方向へ向かった。2時頃、確かな歩道がでてきた。やっと安心し、弁当を食べ、午後4時、何ごともなかったかのように集合場所へ戻った。私がどこへ行ったのかわからないのだから、集合時間に現われなかったら、みんな慌てただろう。GPSで再現できるのであればどこをどう歩いたのか知りたいものだ。

別の日、由良川最上流のモンドリ谷付近を歩いていると、大きなブナやミズナラの根元に刻印がうってある。刻印とは伐採前にこの木の直径を測った、伐採する、盗伐ではないという標識である。ナタで樹皮をはつり、そこに金槌のような器具で刻印を押したものだ。まわりの大きな木にすべて刻印がある。実習や調査でつけるものではない。それも由良川最上流の奥地である。

残ったブナ林

帰って事務所で確かめると、研究林と境を接する福井県遠敷郡名田庄村（現おおい町）の久多川の上流挙原、永谷に下部ダム、京都府側の芦生の上谷に上部ダムという関西電力の揚水式発電所計画が持ち上がっていたことを知った。大飯・高浜の原発と連動するものであった。

気がつくと、毎日のように関西電力のジープが入林している。ダムをつくれるかどうかを調べている。調査中だから入林禁止にはできなかったのだ。調査で入林していた技術者に話を聞いたことがある。電力需要拡大に応えるため、発電量を上げないといけないが、大飯・高浜で稼働している原発は稼働すると簡単には止められない。すなわち、夜も発電しているが、利用されていない。この余剰電力で、夜のうちに下部ダムから上部ダムへ水を移し昼間に発電するという揚水式発電所を計画しているというのだ。上部ダムの芦生は原生林で人が住んでいないし、下部ダムと発電所予定地も住人はわずかである。最大の問題になる移住の問題がない。関西一円で広く候補地を調べたが、上部ダムとして芦生が、高浜・美浜・大飯にも近く、福井県側は急斜面であり、揚水式発電所にはベストの場所だと話してくれた。

地質調査などからダム建設は可能と判断したのだろう。昭和42（1967）年、関西電力は100万KW級の挙原揚水式発電所計画を発表し、京都大学に正式に調査を申し入れた。過疎・高齢化、林業不況が進む中で突然でてきたダム建設計画である。地元美山町は、雇用促進、固定資産税の増収、ダム完成後の観光開発などでの経済発展を期待した。誘致賛成の美山町と土地所有者である九ヶ字財産区。ダム建設反対の地元芦生、地上権設定で土地を借りている京都大学、学術的価値を認めダム建設に反対する学術団体、市民団体との間にきびしい軋轢が生じた。

下部ダム予定地の若狭の挙原、永谷がどんなところか一度見学に行ったことがある。わずかの民家が集まる小さな集落であった。ダム建設に大きな反対はなく、水没予定地点では移転を想定していたようであった。

4　ダム計画の進展

地元美山町と土地所有者の九ヶ字財産区、京都大学の態度・動向について、私たちは新聞報道で知るしかなかった。京都大学には理学部にも農学部にも教養部にも、さらには生態学研究センターや霊長類研究所にも著名な生態学研究者がたくさんいた。芦生演習林に地上権設定の契約があり、法律的にはその行動には大きな制約があるとはわかっていたが、京都大学としての最終決定にはこれらの先生方の意見が反映されるはずと信じた。

しかし、関西を代表する大企業である関西電力の経営陣には京大卒業生も多い。種々の財政的支援を受けていたはずだ。最終判断者の総長にしても悩ましいことであったであろうが、京大上層部での議論がどんなものであったかは想像するしかなかった。

昭和43（1968）年、京都大学は学術研究に大きな支障を及ぼすとし、「許可できない」と回答した。美山町のダム対策委員会でも安全性が確認できないとダム建設を許可しないといった決議が行われたため、関西電力は、一度は計画を中止するとした。

これでダム問題は終わったと思ったのだが、福井県名田庄村はダム建設推進運動を続けていた。関西電力はダムサイトを下谷に変更し、1978年、再度、計画案を出してきた。すでに伐採が進んで択伐更新地やスギ造林地が多かった場所で、学術研究に支障はないはずだとしたのである。これに連動し土地所有者の九ヶ字は京都大学に対して一部地域の土地返還要求をだしてくる。復活したダム建設計画に対し、芦生地区には「住みよい地域づくりを考える会」「ダム建設反対期成同盟」が結成され、さまざまな団体の

ブナ林

支援を受け、連帯しながら反対運動を続けた。

昭和59（1984）年、演習林が関西電力の調査受け入れ拒否を発表、これに対し、美山町はダム計画でなく山村振興だとして上谷のダムサイトに人造湖をつくることなどを計画し、1986年、京大総長宛に一部地域の土地の返還申し入れを行った。

日本生態学会がダム建設反対、京都弁護士会も現地視察を行うなど問題はさらに大きくなった。昭和63（1988）年、京大が返還には応じないと回答すると、翌1989年、美山町は契約不履行として京都簡易裁判所に調停を申し立てる。ダム水没地だけ返還しろということであった。契約内容からすれば訴えられて当然であった。

地上権設定契約では99年ですべて伐採し、植えて返すということになっている。ブナ原生林が貴重であるというのは、それも契約発効から70年も経ってからその存在を主張するのは、契約を守っていないという主張であった。

調停は不成立で終わったが、京大は代替地として本流赤崎谷付近を提案したようだ。平成4（1992）年になって、総長と美山町長がはじめて会談するが、町長が京大の回答書をつき返し、交渉は物別れに終わったとされる。新聞には、京大ダム建設容認と報道されたり、ダムサイトを下谷、あるいはヒックラ谷に変更するという案も報道されたりした。京大内でも、ブナ林の学術的価値は認めても、地上権設定で収益を折半するという約束のある中で、苦しい立場での論議があったはずだ。

平成11（1999）年、美山町議会はダム建設計画を白紙にすると決議し、これに基づき、関西電力もやっと平成17年（2005）、正式にダム計画中止を発表した。ダム建設計画が発表されてからその収束まで実に40年が経過したのである。この間の経過は私自身、新聞報道で知るしかなかったのだが、『芦生の森～森の魅力を探る～』（南丹市立文化博物館、2019）に経過が要約されている。

5　蟷螂の斧

現在、学術的にも高く評価される芦生原生林だが、歴史的事実からみると、よく残ったものだといっていい。地上権設定契約のとおり、戦争もなくスムースに進んでいればブナ林はすべて伐採されていたであろうし、揚水式上部ダムが完成していればダム底に沈んでいたということである。消失している運命にもあったということだ。それには若くしてこの芦生演習林に赴任した私の運命も翻弄されたことも含まれよう。私個人のことは何も書かないほうがいいとも思ったが、私の一生の中で苦しかった年月であったことだけに、やはりその時の経緯を書かせていただきたい。

ダム建設が可能かどうか、関西電力が調べているという段階なのに、芦生演習林は水没するものとして上谷の毎木調査を行っていた。私は全樹木の樹種・大きさなどの調査は早すぎると思った。しかし、「ダム建設は確実、巨大な事業だけに数年はかかる、水没するまえに水没予定地域の樹木を運び出す必要があ

静かなヒツクラ谷

る」として、演習林は林道の開設を進め、そのために水没地域の毎木調査をしていたのである。

私はこの事実を知った日から、「上谷はだめですよ」と反対した。契約のある中での演習林の経営だったのだから、演習林としては契約を守るのが当然ではあった。そこに属する一助手であっても、これを認め、演習林の方針に従うのが当然であったろう。私はその事実を知りながら、ダム建設反対・原生林の保護を訴えたのだから、一助手の反乱とはいえ、組織としては少々困ることになった。

本書の冒頭にも書いたように、この当時、出版されたのが、拙著『京都の秘境　芦生　原生林への招待』である。私はこの本の中で原生林という言葉を使い、ブナ原生林の保護を訴え、ダム建設問題が発生していることを世間に知らせたのである。それに対し、「芦生は原生林ではない」と、演習林内部からの批判を受けた。原生林でないのだから学術的価値は高くない、原生林保護を声高にいえないといわれたのである。純粋に学術的な論議でなく、私の主張に対する嫌がらせであった。

出版されたこの本を当時の演習林長のところに謹呈のためもって行った。林長は本を開きもせず、「やることがあるだろう」といった。つまり「ダム反対などというな」という意味であった。

京都大学は北海道道東の標茶と白糠に北海道演習林、京都に芦生演習林、和歌山県有田川上流に和歌山演習林、京都上賀茂、和歌山県白浜、山口県徳山と京大本部に規模の小さな試験地がある。北海道、芦生、和歌山演習林に地方演習林長、試験地には主任がおかれていた。地方演習林長や試験地主任は林長が決めた。この上に京大全体の演習林を統括する演習林長がおかれていた。演習林長は農学部教授会の投票で決められていて、任期は2年であった。

当時、国際生物学事業計画（ＩＢＰ）というのが全世界で進められ、植物による一次生産量、動物による二次生産量の推定が進められていた。私は志賀高原で行われていたオオシラビソ・コメツガ林での二次生産量の推定のうち、土壌動物調査班員に選ばれていた。3年間の継続調査であったが、この調査に参加するために、文部省科学研究費特別研究の代表者から、計画書提出前の事前承諾書の提出を求められていた。事前承諾書には演習林長の印鑑が必要であった。受諾書をもって演習林長のところへ行ったのだが、承諾の印鑑を押してくれなかった。事務室に相談しても勝手には押せないといわれ、結局、期限内には承諾書を送れなかった。特別研究の代表者からは督促の電話があったが、私はたくさんのメンバーの中の一人で、事務的にはあまり問題ではなかったのだろう。ともかく出張届をだして、年3回、志賀高原の調査に通った。

やがてダム問題が新聞にも報道され、計画が世間にも知られるようになったとき、演習林長に呼ばれた。「芦生演習林は地元の土地所有者である九ヶ字財産区管理会との契約で伐採し収入を上げている、職員がその契約を守って業務を実行しているとき、ダム反対の言動は看過できない、クビにはできないのでどこかへ転出してくれ」と、こんどははっきりいわれた。私もここで覚悟を決め、二つの大学の公募に応募した。しかし、不採用の通知を受けた。もし、採用になっていたら、芦生から離れ、気持ちは少し安らかになっていたかも知れないが、芦生との縁は切れていたかも知れない。

いずれにしても、ダム問題で、一介の助手である私にできる方法は限られていた。芦生にダム建設計画が進んでいる、芦生原生林が消えるかもしれないと世間に知らせることであった。これは一面では組織内部からの告発・リークであった。『昆虫と自然』1巻9号に「静かに消えて行く秘境　由良川源流・京都大学芦生演習林」（1966）、日本自然保護協会の『自然保護』87号に「芦生演習林の自然保護の問題点」（1969）、京都山草会の『京山草』第7巻に「芦生演習林の自然保護の問題点」（1971）、朝日新聞1973年8月11日に「山の季節とクマ　安心して住める森林を」などを投稿した。

私を元芦生演習林長と紹介したものがあるが、ダム建設に反対し、転出をいわれていたくらいだから、とても芦生地方演習林長にさせてもらえる雰囲気ではなかった。後輩が助教授に昇任し、北海道などの地方演習林長になっていく中、私は助手のままであった。

演習林長に「やることがあるだろう」といわれてはいたが、ダム建設には反対していたものの、芦生に常駐し、長治谷小屋の雪下ろし、佐々里の山火事や高校生の遭難事件での対応、水力発電所の点検、学生実習の世話、共同出資で立てた山の上のテレビアンテナの落雷ごとの復旧など、芦生演習林での業務は十分にやっていた。その間、ツキノワグマの研究や、学位論文の土壌動物やミミズの研究も進めていた。職場で浮いているということはなかったと思う。十分に仕事はやっていると思った。芦生の住人として、集落の行事にも参加し、親しくさせていただいた。今でも年数回は山の家に泊めてもらい、集落の人たちとも交流を続けている。

幸いなことに、というか、演習林長の任期は2年であった。演習林長が代わり、転出を強要されることはなくなった。この2年の間にブナ原生林の価値が理解され、演習林内でも原生林を残したいという雰囲気に変わっていったのだと思う。私の行動はあるいは蟷螂の斧であったかもしれない。しかし、小さな斧を懸命に振り回していたということだ。

6　原生林は残った

芦生演習林にダム計画が持ち上がってから終息まで実に40年の年月を費やした。この問題の決着には原発依存への危機感・反対や自然保護思想への高まりが大きく後押しした。ダム建設については、土地所有者九ヶ字の一つである地元芦生の集落だけが反対した。九つのうち八つの集落がダム建設賛成なのに、たった一つ、芦生集落だけが反対したのである。ダム建設で水没・移転はあっても、ダム建設工事、さらにはダム完成後の観光でも地元としての利益があると思われるのに、それでも反対したのだ。芦生の集落の人たちにとってもきびしい時代であったはずだ。よく結束したと思う。集落の中で意見が割れていれば、ダム建設は進んでいたであろう。

京都大学にはたくさんの著名な生態学者がいることは先に述べたが、日本生態学会が第32回大会総会（1985）で芦生へのダム建設反対の決議をしてくれた。京都大学内での論議にはこれら先生方の支援があったはずだ。その上で京都大学としての最終決定がなされたのである。

もう一つ、このダム問題で芦生の集落に大きく貢献したのは「芦生のダム建設に反対する連絡会」で、

秋のブナ林

１９８７年5月1日付けで「芦生通信創刊号」を発行している。主力は京大農学部農林生物学教室の院生・学生たちで、芦生の住民と交流を続け、その活動の経過は『トチの森の啓示』（オデッサ書房、１９８５）に記録されている。

私自身は芦生での6年間の勤務の後、和歌山県白浜にあった白浜試験地勤務となり、さらに昭和56（１９８１）年に京都大学に新設された大学院熱帯農学専攻に配置換えになり、その後、森林科学専攻に移り、熱帯の森林・林業を専門とした。

１９９９年、農学研究科教授会で私が演習林長に選出された。京都大学全体の演習林長なので、各地にある演習林・試験地の地元市町村長へ就任挨拶に行った。美山町長にも会いに行った。それまで借地料は2，４００万円であったが、当時の大蔵省・文部省の認可を得て年額2，８００万円に増額できたことを伝えたのであるが、町長からは「芦生演習林は4，２００haなので4，２００万円欲しい」といわれた。この場で引き上げることはできないと伝えた。

今現在、いくら払っているか正確には知らないが、土地所有者の九ヶ字財産区管理会にとっては少しでも多く欲しいだろうし、京都大学も財政的に厳しくなる中、増額は簡単にはできないであろう。演習林設定時に地上権設定ではなく買い取りをしなかったことが今になって悔やまれる。

その後、私は退職時までに計76回東南アジア諸国の森林・林業研究にでかけ、退職後も種々のルートで調査依頼を受けるなど、現在までに126回の海外渡航をしている。そのほとんどが東南アジアであったが、森林科学専攻にいたので、退職後も含め、芦生研究林へは学生実習や外国からの研究者を案内するなどでよく訪れている。その間に芦生演習林から芦生研究林となったが、考えてみると初めて芦生を訪れてから50年が経過していた。先生方やお世話になった集落の人もだんだん少なくなり、芦生の半世紀を語れるのは私だけになってしまった。

7 評価高まる芦生原生林

すでに述べてきたように、残された由良川源流の原生林は、京都大学芦生演習（研究）林として管理されてきた全面積の4,200haすべてではない。現在は全面積の約半分、2,000haしか残っていない。演習林として地上権設定されて以来、契約として伐採が続けられてきたからだ。ただし、大径木だけを抜き切りする択伐天然更新法をとったために、景観的には多様な樹種で構成される原生林の様相を呈している。しかし、中に入ってみれば大きな樹木のないことに気づく。二次林とされているところである。また、実習などで植栽したスギ林が約250haあるとされている。

福井県との境の杉尾峠や野田畑峠、滋賀県との境の三国峠や地蔵峠に立ってみると、そこはスギ林である。民有地であり、研究林からでたことになる。ブナ原生林が芦生研究林にしか残されていないことがよくわかる。

１９８３年、朝日新聞社・森林文化協会によって「日本自然百選」に「芦生自然林」が選定された。選定されるとどこでも喜んでくれるのだが、選定の賞状や盾を美山町へ届けに行ったら、「余計なことをするな」と町長に受け取りを拒否されたと関係者から聞いたことがある。選定されたことで芦生の自然が評価され、その存在を広く一般にも知らせてくれることにもなったのだが、ダム建設推進の町長にとっては迷惑なことであったのであろう。

地表に落ちたブナの実

その後も、京都府の「京都の自然２００選」（１９９６）、日本昆虫学会の「昆虫類の多様性保護のための重要地域」の指定（２０００）、京都府レッドデータブックでの「地域生態系保存地域」指定（２００３）、日本蘚苔学会が貴重な種や多くの種を育むエリアとして芦生を「日本の貴重なコケの森」として指定（２００９）、そして、２０１６年には丹波高原国定公園の中核地域（第一種特別地域）として指定された。芦生原生林がなければ国定公園には指定されなかったということだ。環境省の「生物多様性保全上重要な里地里山」にも指定された。

文中で繰り返し述べたように、この土地は旧知井村の九ヶ字の所有、九ヶ字財産区管理会が管理している民有地である。そこを京都大学が演習林として99年の期限設定で借りたものである。99年後に返す時にはすべて伐り、すべて植えて返す、伐採で得られる収益は折半するという契約であった。原生林はなくなる運命にあったのだ。幸いにという言葉が適当かどうかわからないが、戦争でその伐採事業は停滞した。

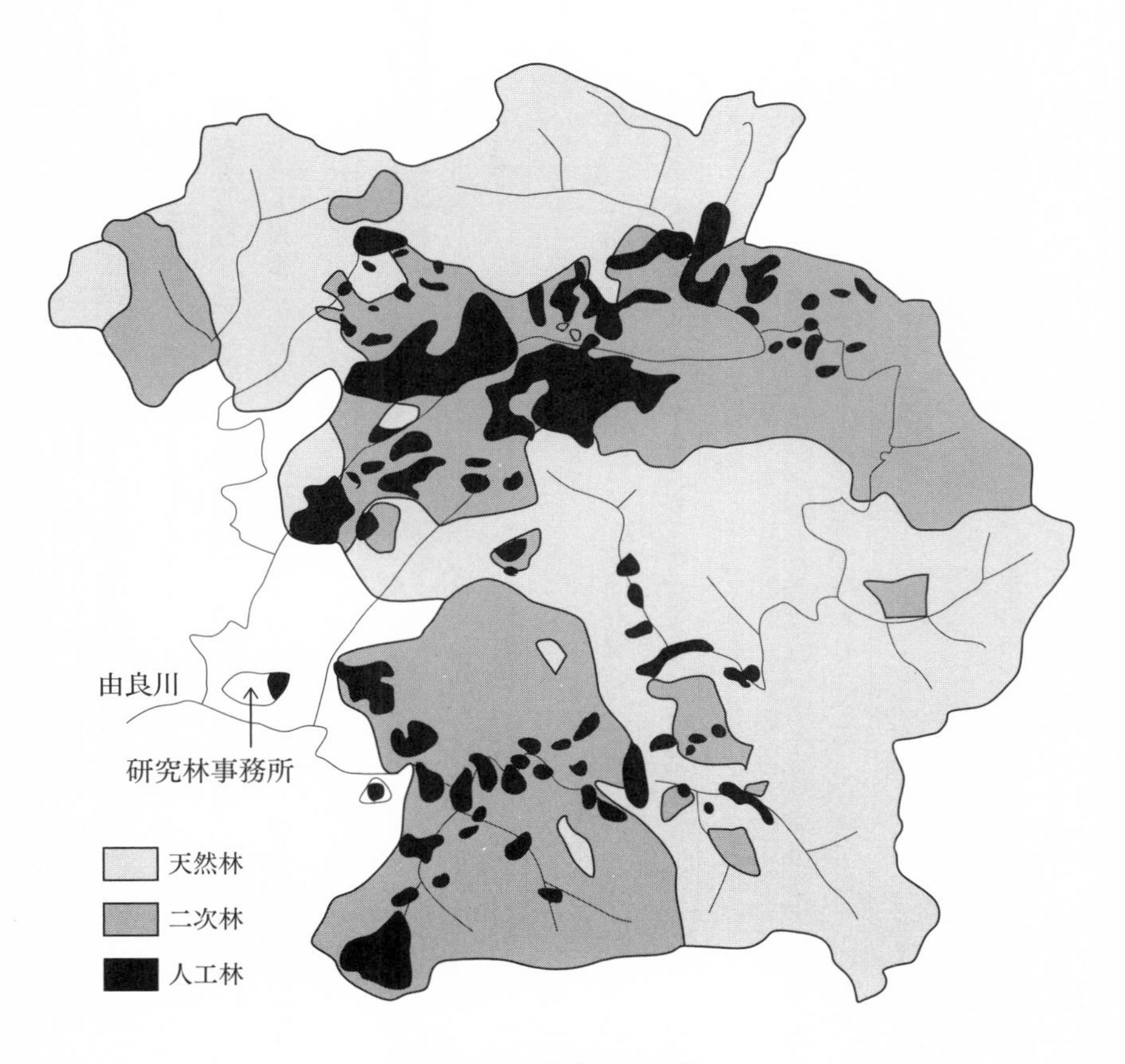

芦生研究林森林区分図

しかし、一転、戦後の復興と木材需要の増大で伐採面積は急速に拡大した。その後、近年の林業不況とダム問題によって伐採事業が中断されたという経過を辿っている

もう一つが、先述したダム建設計画である。電力需要の逼迫と聞けば、世間一般にはダム・発電所建設推進の機運は高まる。芦生ダム予定地は過疎化の進む僻地、民有地であったが、地上権所有者が京都大学であったことが幸いした。学術的価値の主張には説得力があって、世間一般の支持を得られた。もちろん、自然保護思想の高まりと原発依存への警戒感の高まりがあったことも、ダム建設反対への大きな支援になった。ダム建設問題と林業不況によって伐採が中断され、かろうじて原生林は残ったのである。

２０２０年、九ヶ字財産区との99年の契約が終了し、30年の継続契約が京都大学との間に締結された。九ヶ字財産区管理会にも京都大学にも、契約更新への努力を称えたいが、やはり気になることがある。その思いを書かせていただこう。

30年という期間は森林研究にはあまりにも短い。あっという間に過ぎてしまう。30年という縛りで研究テーマを考えては「木を見て森を見ず」になる。もちろん、研究者としては研究テーマを設定し、評価される業績をあげないといけないが、一方で森林の本質を探る長期にわたる研究テーマの設定も必要である。それはこれまでの研究を継続することだ。たとえば、森林の動態を把握するため、研究林内に永久プロットが設定され、10年ごとの全樹木調査が行われている。10年ではその変化はわずかなものである。１００年でやっとその変化が把握できる。こういった研究は個人ではできず、組織として継続しなければならない課題である。

30年期限とされているところで１００年の研究計画が受け入れられるのか？　といわれそうだが、九ヶ字財産区管理会も芦生原生林の価値は理解している。とはいえ、京都大学に無償で貸すわけにもいかない。

少子高齢化・過疎化が進み、雇用・現金収入のない中、京都大学からの安定した借地料はありがたいものであろう。京都大学の演習林・研究林となったことで、この原生林の学術的価値が明らかにされ、そのことで国定公園の中核地域にも指定されたのである。京都大学関係者の研究業績によるものであることは認めるべきであろう。しかしここでまたもう一つ別の問題がでてくる。

8 芦生集落と原生林の共存共栄

原生林のすばらしさを一般の方にどう知ってもらうか、ということである。芦生ダム建設反対には芦生を訪れた人々の支援があった。しかし、京大演習林としてそこへの入林には制限があった。一般の方にはちょっと入林しにくいところであった。

原生林保護のため一般の方の入林を禁止してしまうと、国定公園になった原生林の存在への理解を妨げる。しかし、無制限に受け入れてしまうと原生林の保護にも支障をきたす。大きなジレンマである。ブナ原生林のよく残っている上谷・下谷などへは須後からも遠く、マイクロバスで行くしかない。美山町自然文化村と芦生山の家のマイクロバスが入林の許可を受けており、研究林の認定を受けたガイドの同行で入林できるツアーの人気は高い。

原生林の核心部は入林を制限し、支障のない部分を開放するというのが常識であろうが、芦生原生林では核心部ともいえる由良川最上流の上谷・下谷はすでに解放されている。由良川源流最初の一滴は岩の苔の間からしたたり落ちる一滴でなく、地面からにじみでてくる。実際に見るとちょっとがっかりされる方もおられるだろうが、本当だから仕方ない。

冬のブナ林　ヤドリギがたくさんついている

長治谷からのゆるやかな渓流沿い、両側はすばらしいブナ林、歩く距離・時間も適度だ。杉尾峠からは若狭湾、冠島や青葉山が見える。ヒックラ谷側へ少し下りれば、林道の終点にはマイクロバスが待っている。ガイドはこの森をよく歩いているだけに、今どこに何の花が咲いているかなど、日々の変化を知っている。自然文化村や芦生山の家のツアーに参加した多くの方が満足し、再度の来訪を希望するという。

今さら、ここを入林禁止にはできないだろう。そもそもこの自然文化村と山の家のマイクロバスの入林はダム建設不許可の決定に対し、ダムが完成していれば地域経済に貢献したはずだとの地域の意見に対して、入林を許可することで地域経済に役立つとの約束ではじまったものである。この経緯からも簡単には中止・禁止はできない。

1日の入林者の制限などはあってもいいと思う。また、国立公園内ではあるが京都大学研究林の中を歩くことになる。研究林でどんな研究が行われ、どんな結果が得られているのかなどについて、研究林スタッフの案内がもっとあってもいいように思う。

原生林への入林も地元芦生集落の発展の一助になればとの期待ではじまったものだ。芦生集落の発展を、かつてここに6年間住んだものとして期待したい。しかし、分校も休校となり、少子高齢化・過疎化、限界集落への現実の中にある。文中で述べたように、芦生には通称ナメコ組合と呼ばれる山菜加工の芦生の里、芦生山の家があり、芦生自然学校の活動があり、京都大学芦生研究林勤務の人々がいる。しかし、研究林は定員削減で人数は少なくなっているし、赴任しても数年で交代するので、集落の人との交流も少なくなっているようだ。

周辺の他の集落にくらべ、芦生はまだ持ち堪えていると思う。芦生集落の人々がそれだけの努力をしてきたということである。その努力を忘れず、さらに努力を続け、芦生原生林が次の１００年もその先も続き、芦生集落と森とが共存共栄して欲しいと願っている。

「芦生」について述べられている書籍の紹介

著者・編者：　書名　発行所　(発行年)
京都帝国大学農学部附属演習林：附属演習林概要　京都帝国大学農学部附属演習林（1928）
森本次男：京都北山と丹波高原　朋文堂　（1938）
岡本省吾：芦生演習林樹木誌　京都大学演習林報告13　京都大学附属演習林（1940）
京都帝国大学農学部付属演習林：蘆生演習林概要　京都帝国大学農学部附属演習林（1941）
住友山岳会：近畿の山と谷　朋文堂（1941）
京都府：京都府の自然と名勝　京都府（1951）
読売新聞社（編）：日本山脈縦走　朋文堂（1955）
北桑田郡社会教育協会（編）：北桑田郡誌　近代篇　北桑田郡社会教育協会（1956）
磯貝　勇：丹波の話　東書房（1956）
毎日新聞社（編）：日本の秘境　秋元書房（1961）
竹内　敬：京都府草木誌　大本（1962）
朋文堂編集部（編）：大阪周辺の山々　朋文堂（1964）
森本次男：京都北山と丹波高原　山と渓谷社（1965）
美山町：美山合併10周年記念　町勢要覧（1965）
毎日新聞京都支局（編）京の里　北山　淡交新社（1966）
日本交通公社：全国秘境ガイド　日本交通公社（1967）
朝日新聞京都支局（編）：京の花風土記　淡交社（1967）
斐太猪之介：山がたり　文芸春秋（1967）
金久昌業：京都北山　昭文社（1970、74）
渡辺弘之：京都の秘境　芦生　ナカニシヤ出版（1970、76）
山本建三（写真）・岸哲男（文）：京の秘境　丹波路　写真評論社（1971）

金久昌業：京都北部の山々　創元社（1973）
山本素石：逃げろツチノコ　二見書房（1973）
渡辺弘之：ツキノワグマの話　日本放送出版協会（1974）
京都野生動物研究会：京都府の野生動物　京都府公害対策室（1974）
奥山春季：採集検索日本植物ハンドブック　八坂書房（1974）
朽木村教育委員会：朽木村志　朽木村教育委員会（1975）
渡辺弘之：土壌動物の世界　東海大学出版会（1978，2002）
渡辺弘之：登山者のための生態学　山と渓谷社（1979）
京都府：京都の野鳥　京都府（1979，1993）
金久昌業：北山の峠～京都から若狭・丹波へ（下）　ナカニシヤ出版（1980）
渡辺弘之：森の動物学　講談社（1983）
芦生のダム建設に反対する連絡会（編）：トチの森の啓示　芦生のダム建設に反対する連絡会（1985）
芦生を守る会：トチの森の啓示　オデッサ書房（1985）
山本素石：山棲みまんだら　クロスロード（1985）
渡辺弘之：アニマル・トラッキング　山と渓谷社（1986）
今西錦司・井上靖（監修）：日本の湖沼と渓谷　10　近畿　ぎょうせい（1987）
小泉博保：森の仲間たち　京都の野生動物　京都書院（1987）
渡辺弘之：クマ　生き生き動物の国　誠文堂新光社（1988）
北山クラブ（編）：京都北山百山　―レポート集―　ナカニシヤ出版（1989）
京都大学「演習林管理」研究グループ　森林研究と演習林～芦生を対象として（1990）
杣の会：雑木山生活誌資料　朽木村針畑の記録　杣の会（1990）
澤　潔：京都　北山を歩く　ナカニシヤ出版（1991）
斉藤清明：京の北山ものがたり 松籟社（1992）
山本武人：近江朽木の山　ナカニシヤ出版（1992）
日本山岳会京都支部（編）：山城三十山　ナカニシヤ出版（1994）

京都府立大学（編）：洛北探訪　京郊の自然と文化　淡交社（1995）

石橋睦美：日本の森（西日本編）淡交社（1995）

中根勇雄：芦生演習林（研究林）・樹木の手引き（私費出版）（1995）

内田嘉弘：京都丹波の山（上・下）ナカニシヤ出版（1995）

渡辺弘之：ミミズのダンスが大地を潤す　研成社（1995）

芦生の自然も守り生かす会（編）：関西の秘境 芦生の森から　かもがわ出版（1996）

京都弁護士会公害対策・環境保全委員会（編）：京の自然保護とまちづくり　京都新聞社（1996）

京都府：京都の自然200選　京都府（1996）

渡辺弘之：樹木がはぐくんだ食文化　研成社（1996）

全国大学演習林協議会（編）：森へゆこう 大学の森へのいざない　丸善ブックス（1996）

美山町自然文化村：美山ガイドブック　ようきはったのう美山　美山町自然文化村（1997）

知井村史編集委員会（編）：京都・美山町知井村史 知井村史刊行委員会（1998）

北本廣次：樹木彩時季　Bee Books（1998）

桂　俊夫：京・北山四季賛歌　求龍社（1998）

広瀬慎也：写真集　芦生の森　遊人工房（1999）

森　茂明：芦生奥山炉辺がたり かもがわ出版 (1999)

京都地学教育研究会（編）：新・京都自然紀行　人文書院（1999）

小林圭介（監修）：朽木の植物　朽木村教育委員会（1999）

美山町自然文化村：芦生の森はワンダーランド　美山町自然文化村（1999）

大伸社：CD-ROM　みんなの森　Our forest（1999）

京都府：京都の自然200選　京都府（1999）

広谷良韶：深山・芦生・越美　低山趣味　ナカニシヤ出版（2000）

草川啓三：芦生の森を歩く　青山舎（2000）

石井実・藤山静雄・星川和夫（編）：昆虫類の多様性保護のための重要地域　第2集　日本昆虫学会自然保護委員会（2000）

水中聡一郎：京・美山周辺の四季　光村推古書院（2000）

美山町誌編さん委員会：美山町誌上巻（2000）下巻（2005）
東　彗：ふるさと残像　京都美山の四季　郵研社（2001）
堀内　紀：日本の森を歩く　山と渓谷社（2001）
広瀬慎也：芦生の森　2　遊人工房（2002）
山本卓蔵：芦生の森　東方出版（2002）
草川啓三：芦生の森案内　青山舎（2002）
日本の森制作委員会（編）：日本の森ガイド　50選　山と渓谷社（2002）
桂　俊夫：京・北山四季賛歌　求龍社（2002）
オノミユキ：Pole Pole朽木村　サンライズ印刷（2002）
京都府：京都府レッドデータブック　上・下　京都府（2002）
京都府：京都府レッドデータブック（普及版）サンライズ出版（2003）
草川啓三：近江の峠　歩く・見る・撮る 青山舎（2003）
山と渓谷社：京都府の山　新・分県登山ガイド25　山と渓谷社（2003）
渡辺弘之：ミミズ　嫌われもののはたらきもの　東海大学出版会（2003）
谷口正一：DVD　芦生原生林　MORIYUME（2004）
草川啓三：近江花の山案内　青山舎（2004）
京都大学総合博物館・京都大学フィールド科学教育研究センター（編）：森と里と海のつながり　京大フィールド研の挑戦　京都大学総合博物館（2004）
鈴木　元：芦生の森から　関西の秘境　かもがわ出版（2004）
福嶋　司：いつまでも残しておきたい日本の森　リヨン社（2005）
全国大学演習林協議会（編）：森林フィールドサイエンス　朝倉書店（2006）
尾上安範：生命輝く芦生の森（2007）
青木　繁：高島の植物　上・下　サンライズ出版（2007）
草川啓三：巨樹の誘惑　青山舎（2007）
京都府山岳連盟（編）：京都北山から　自然・文化・人　ナカニシヤ出版（2008）

広瀬慎也：由良川源流の森　芦生風刻　光村推古書院（2008）
草川啓三：芦生の森に会いに行く　青山舎（2008）
渡辺弘之：由良川源流芦生原生林生物誌　ナカニシヤ出版（2008）
山と渓谷社：京都府の山　新・分県登山ガイド25　山と渓谷社（2008）
美山町知井振興会　旅の宿部会：京都・美山知井（2009）
野生生物を調査研究する会：生きている由良川（2009）
高島トレイル運営協議会：中央分水嶺・高島トレイル公式ガイドブック（2009）
渡辺弘之：地域食材大百科　第3巻　果実・木の実・ハーブ　農山漁村文化協会（2010）
鹿取茂雄：封印された日本の秘境　彩図社（2010）
守津忠義：風と光の中で　守津忠義作品集（2010?）
渡辺弘之：土の中の奇妙な生きもの　築地書館（2011）
堂下　恵：里山観光の資源人類学　京都府美山町の地域振興　新曜社（2012）
渡辺弘之：ミミズの雑学　北隆館（2012）
中西康夫：山の本をつくる　ナカニシヤ出版（2013）
広瀬慎也：京都美山・芦生の森　樹奏森響　かもがわ出版（2015）
内田嘉弘・竹内康之（編著）：京都府山岳総覧　ナカニシヤ出版（2016）
芦生行政区：芦生にくらす　芦生区（2016）
広瀬慎也：森の通い帳　芦生原生林の四季　広瀬慎也事務所（2017）
京都学研究会（編）：京都を学ぶ「丹波編」―文化資源を発掘する―　ナカニシヤ出版（2018）
南丹市立文化博物館：平成31年度春季企画展　芦生の森～森の魅力を探る～　南丹市立文化博物館（2019）
広瀬慎也：とこしえの森　水と緑が育む小宇宙　広瀬慎也事務所（2020）

著者略歴

渡辺弘之（わたなべ ひろゆき）

1939年生まれ。農学博士。京都大学名誉教授。

高知大学農学部卒。京都大学大学院農学研究科林学専攻修士課程、同博士課程修了。1966年、京都大学助手として芦生演習林に赴任。1999年から2年間、京都大学付属演習林長を務める。日本土壌動物学会会長、日本環境動物昆虫学会副会長、関西自然保護機構理事長、日本林学会評議員・関西支部長、国際アグロフォレストリー研究センター（ナイロビ）理事などを歴任。現在、社叢学会副理事長、滋賀県生きもの総合調査・その他陸生無脊椎動物部会長、ミミズ研究談話会会長、岡崎嘉平太国際奨学財団評議員、NPO法人自然と緑自然大学学長、日本土壌動物学会名誉会員。

著書に、「京都の秘境・芦生」「由良川源流芦生原生林生物誌」「神仏の森は消えるのか」（ナカニシヤ出版）、「登山者のための生態学」「アニマル・トラッキング」（山と渓谷社）、「森の動物学」（講談社）、「ツキノワグマの話」（NHK出版）、「クマ 生き生き動物の国」（誠文堂新光社）、「アジア動物誌」（めこん）、「樹木がはぐくんだ食文化」（研成社）、「琵琶湖ハッタミミズ物語」（サンライズ出版）、「熱帯林の恵み」（京都大学学術出版会）、「カイガラムシが熱帯林を救う」（東海大学出版会）、「東南アジア樹木紀行」（昭和堂）、「東南アジア林産物20の謎」「土の中の奇妙な生きもの」（築地書館）、「アグロフォレストリーハンドブック」（国際農林業協力協会）、「果物の王様ドリアンの植物誌」（長崎出版）、「熱帯の森から 森林研究フィールドノート」（あっぷる出版社）など多数。共著に、「土の中の小さな生き物ハンドブック」「落ち葉の下の小さな生き物ハンドブック」（文一総合出版）、「熱帯農学」（朝倉書店）。訳書に、「ミミズと土（チャールズ・ダーウィン）」「熱帯多雨林の植物誌（W・ヴィーヴァーズ・カーター）」（平凡社）などがある。

芦生原生林今昔物語
京都大学芦生演習林から研究林へ

2021年11月1日　初版第1刷発行

著　者　渡辺弘之
発行者　渡辺弘一郎
発行所　株式会社あっぷる出版社
〒101−0065 東京都千代田区西神田２−７−６
TEL 03−6261−1236　FAX 03−6261−1286
http://applepublishing.co.jp/
装　幀　佐々木デザイン事務所
組　版　Katzen House　西田久美
印　刷　モリモト印刷